$Ti = 50$ $Zr = 90$ $? =$

$V = 51$ $Nb = 94$ $Ta = 182$

$Cr = 52$ $Mo = 96$ $W = 186.$

$Mn = 55$ $Rh = 104,4$ $Pt = 197,4.$

$Fe = 56$ $Ro = 104,4$ $Ir = 198.$

$Ni = Co = 59.$ $Pl = 106,6$ $Os = 199.$

$Cu = 63,4$ $Ag = 108.$ $Hg = 200.$

$Zn = 65,2$ $Cd = 112.$

$? = 68$ $Ur = 116$ $Au = 197?$

$? = 70$ $Sn = 118.$

$As = 75$ $Sb = 122$ $Bi = 210.?$

$Se = 79,4$ $Te = 128?$

$Br = 80$ $J = 127$

$Rb = 85,4$ $Cs = 133$ $Tl = 204.$

$Sr = 87,6$ $Ba = 137$ $Pb = 207.$

$Ce = 92$

DIE ELEMENTE

DIE ELEMENTE

100 MEILENSTEINE IN DER GESCHICHTE DER CHEMIE

Tom Jackson

Librero

Inhalt

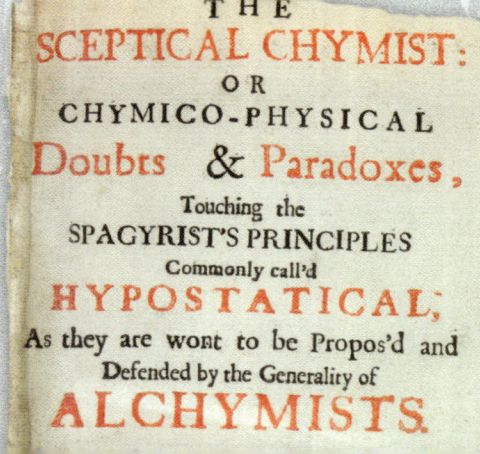

THE
SCEPTICAL CHYMIST:
OR
CHYMICO-PHYSICAL
Doubts & Paradoxes,
Touching the
SPAGYRIST'S PRINCIPLES
Commonly call'd
HYPOSTATICAL;
As they are wont to be Propos'd and
Defended by the Generality of
ALCHYMISTS.

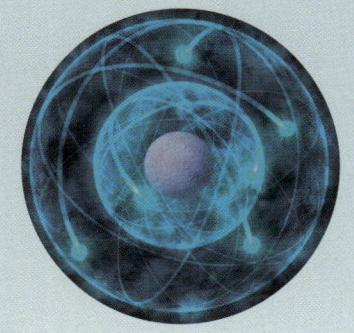

Einführung

UNSERE WELT IST IN ERSTER LINIE EINE MATERIELLE WELT. HABEN SIE SICH JE GEFRAGT, WORAUS SIE GEMACHT IST, WAS TIEF IN IHR IST? WENN JA, SIND SIE DAMIT NICHT ALLEINE, DENN SEIT JAHRHUNDERTEN WIRD GEFORSCHT UND ES WURDEN BEREITS VIELE ANTWORTEN GEFUNDEN.

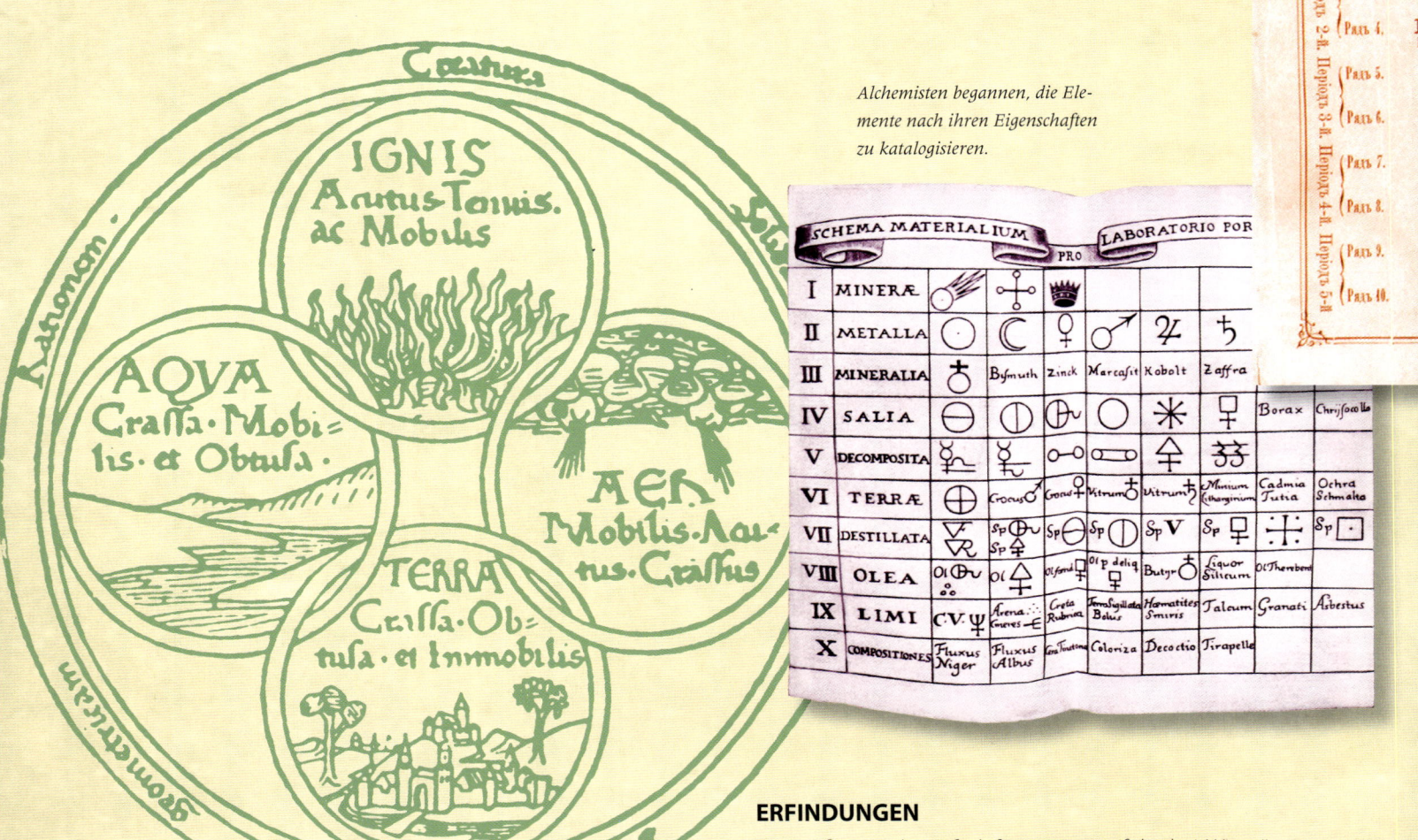

Alchemisten begannen, die Elemente nach ihren Eigenschaften zu katalogisieren.

Über lange Zeiten der Menschheitsgeschichte genügten vier Elemente: Feuer, Wasser, Luft und Erde.

Die Errungenschaften und Werke großer Denker liefern großartige Geschichten – hier sind 100 davon versammelt. In jeder Geschichte geht es um Erfindungen, um ein gewichtiges aber lösbares Problem, aus dem eine bahnbrechende Entdeckung wurde, die unser Verständnis von der Welt und unseren Platz in ihr veränderte.

ERFINDUNGEN

Wissen fliegt nicht einfach fertig ausgereift herbei. Wir müssen es uns erarbeiten, Beweise überdenken und Schlüsse daraus ziehen. Rückblickend können auch die fortschrittlichsten Erfindungen schrecklich falsch, merkwürdig und lächerlich erscheinen. Aber unsere hoch technologische, vernetzte Welt basiert auf diesen Errungenschaften; sie führen Schritt für Schritt zu einem immer eindeutigeren Bild der Realität. Die Geschichte des Periodensystems spiegelt die Klassifizierung der in der Natur vorkommenden Substanzen wider. Zu Anfang haben wir uns die materielle Welt mithilfe mystischer und magischer Reiche erklärt. In diesen elementaren Vorstellungen des Universums gab es sowohl religiöse und geistige, als auch physische Merkmale: Es war ebenso vernünftig, das Universum mittels ritueller Gesänge kontrollieren zu wollen, wie durch Hitze oder Wasser.

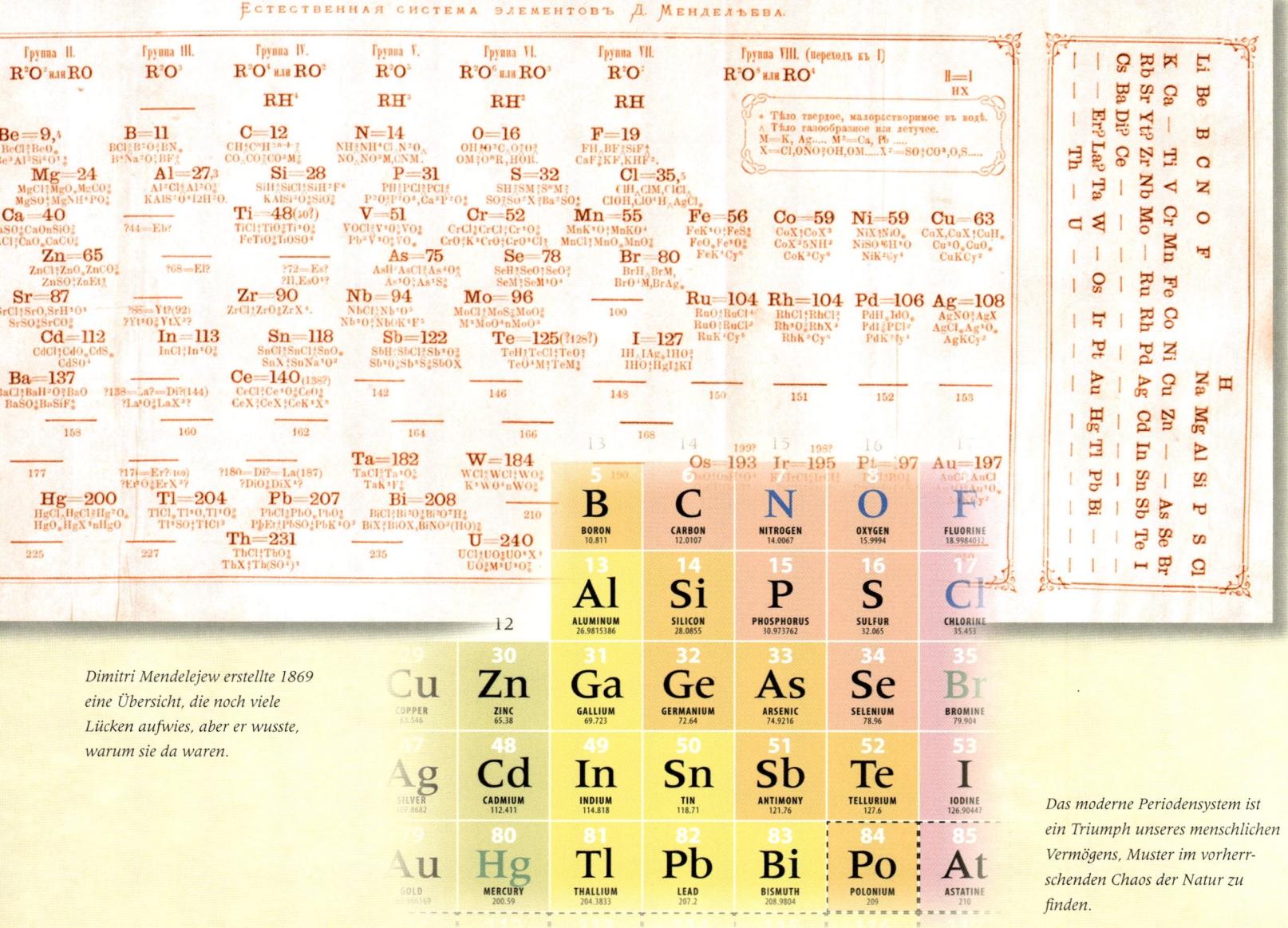

Dimitri Mendelejew erstellte 1869 eine Übersicht, die noch viele Lücken aufwies, aber er wusste, warum sie da waren.

Das moderne Periodensystem ist ein Triumph unseres menschlichen Vermögens, Muster im vorherrschenden Chaos der Natur zu finden.

ALTERTUM UND NEUZEIT

In der Welt des Altertums konnte man die Elemente an einer Hand abzählen – Wasser, Luft, Feuer und Erde. Dennoch erkannte man bereits damals definitive Muster und Verbindungen zwischen diesen Substanzen. Die Menschen begannen, Substanzen zu manipulieren – vielleicht, um sie nutzbarer zu machen, aber definitiv, um sie wertvoller zu machen – und eine neue Gattung von Forschern, Alchemisten genannt, bewies, dass die Elemente nicht nur für die Philosophen interessant waren.

Das Atelier eines Alchemisten war mit einer Fülle von Substanzen ausgestattet, die oft als Erden, Öle, Kristalle und Lüfte bezeichnet wurden. Im Verlauf der Jahrhunderte wurden neue Techniken und Geräte entwickelt, um diese Substanzen zu verbinden und zu fixieren. Langsam wurde das mystische Drumherum weniger und es entstand die empirische Forschung.

Es begann das Zeitalter des Wissenschaftlers, der Stück für Stück neue Elemente entdeckte – und einigen alten den Zauber nahm. Bis zum 19. Jahrhundert wurde die Liste der Elemente immer länger: Chlor, Uran, Helium und viele weitere kamen hinzu. Zeitweise wurde fast jedes Jahr ein neues Element entdeckt und die Aufzeichnung bereitete Kopfzerbrechen. Was verband denn nur all diese spezifischen Substanzen und machte doch jedes einzigartig?

Nach mehreren fehlgeschlagenen Versuchen stellte Dmitri Mendelejew nach dem sich wiederholenden Muster von Charakteristiken eine Tabelle vor, in der die Elemente in einem periodischen System dargestellt wurden. Dieses Periodensystem der Elemente hängt noch heute an den Wänden der Chemielabore in aller Welt. Es funktionierte, obwohl Mendelejew und andere sich nicht so sicher waren, warum. Um diese Frage zu beantworten, mussten wir noch eine Weile weiter grübeln – wir tun es bis heute.

DAS PERIODENSYSTEM VERSTEHEN

Das Periodensystem ist das von Chemikern verwendete Instrumentarium, um die bekannten Elemente zu organisieren. Die Art der Anordnung ermöglicht uns auf Anhieb vorauszusagen, welche Eigenschaften ein Element besitzt, ob es ein Metall oder ein Nichtmetall ist, ob es reagiert oder träge ist und mit welchen anderen Elementen es wahrscheinlich reagiert. Man muss nur ein paar einfache Regeln beherrschen, um diese Punkte zu erkennen. Elemente bestehen aus Atomen, die sich wiederum aus schweren Protonen im Atomkern zusammensetzen, der von leichten Elektronen umgeben ist. (Ein Atomkern enthält normalerweise auch Neutronen, die ihn noch schwerer machen.) Ein Element unterscheidet sich vom nächsten, weil es eine spezifische Atomstruktur mit einer einzigartigen Anzahl von Protonen im Kern hat und eine gleich hohe Anzahl von Elektronen, die sich um den Kern bewegen.

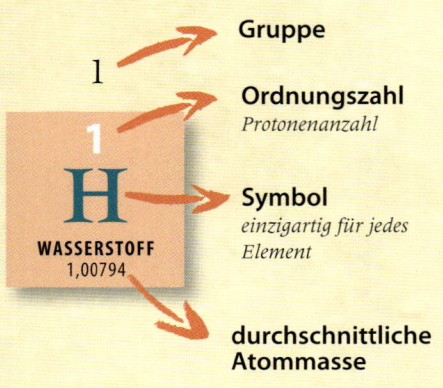

Gruppe — 1

Ordnungszahl *Protonenanzahl*

Symbol *einzigartig für jedes Element*

H WASSERSTOFF 1,00794

durchschnittliche Atommasse

Gruppe 1 *Diese Elemente haben alle ein äußeres Elektron*

Gruppe 2 *Diese Elemente haben alle zwei äußere Elektronen.*

Metalle
Metallene Elemente stehen auf der linken Seite des Periodensystems. Metallatome haben wenige Außenelektronen und geben sie bei Reaktionen leicht ab. Metalle bilden normalerweise glänzende und dichte Feststoffe.

Reaktionsfähigkeit
Die Elektronen großer Metallatome werden nur sehr locker gehalten. Deshalb sind Metalle umso reaktionsfähiger, je weiter unten sie in der Gruppe stehen.

Übergangsmetalle
Der große Block von Elementen in der Mitte des Periodensystems sind die Übergangsmetalle. Es handelt sich bei allen um Metalle – darunter so bekannte wie Eisen, Kupfer und Gold – weil sie ein oder zwei Außenelektronen haben. Ihre Ordnungszahl kann steigen, denn wenn Protonen zum Atomkern hinzugefügt werden, werden auch Elektronen in der Schale unterhalb der äußeren zugefügt. Die Atome werden größer und schwerer, doch die Anzahl der Außenelektronen bleibt gleich.

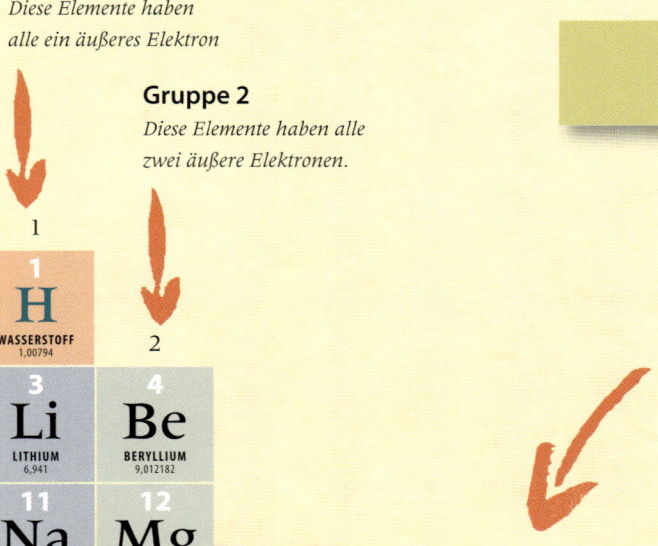

Lanthanoide und Actinoide
Zwei weitere Reihen der Elemente, die Elektronen von der dritten Schale an nach innen hin aufnehmen und nicht wie reguläre Elemente die äußere Schale füllen.

Das Periodensystem ist nach diesen Atomstrukturen aufgebaut und beginnt oben links mit Wasserstoff. Er ist das leichteste aller Elemente mit dem einfachsten Atom. Mit einem Proton, das von nur einem Elektron umkreist wird, hat Wasserstoff die Ordnungszahl 1. Rechts steht Helium, es hat zwei Protonen und zwei Elektronen und die Ordnungszahl 2. Die Ordnungszahl von Lithium ist 3, doch sein drittes Elektron sitzt auf einer zweiten äußeren Schale. Deshalb steht es in der zweiten Reihe oder Periode des Systems. Die zweite Elektronenschale eines Atoms bietet bis zu acht Elektronen Platz. Deshalb geht die Reihe bis zu Neon weiter, bevor eine neue Reihe oder Periode begonnen wird, und so weiter. Willkommen im Periodensystem der Elemente!

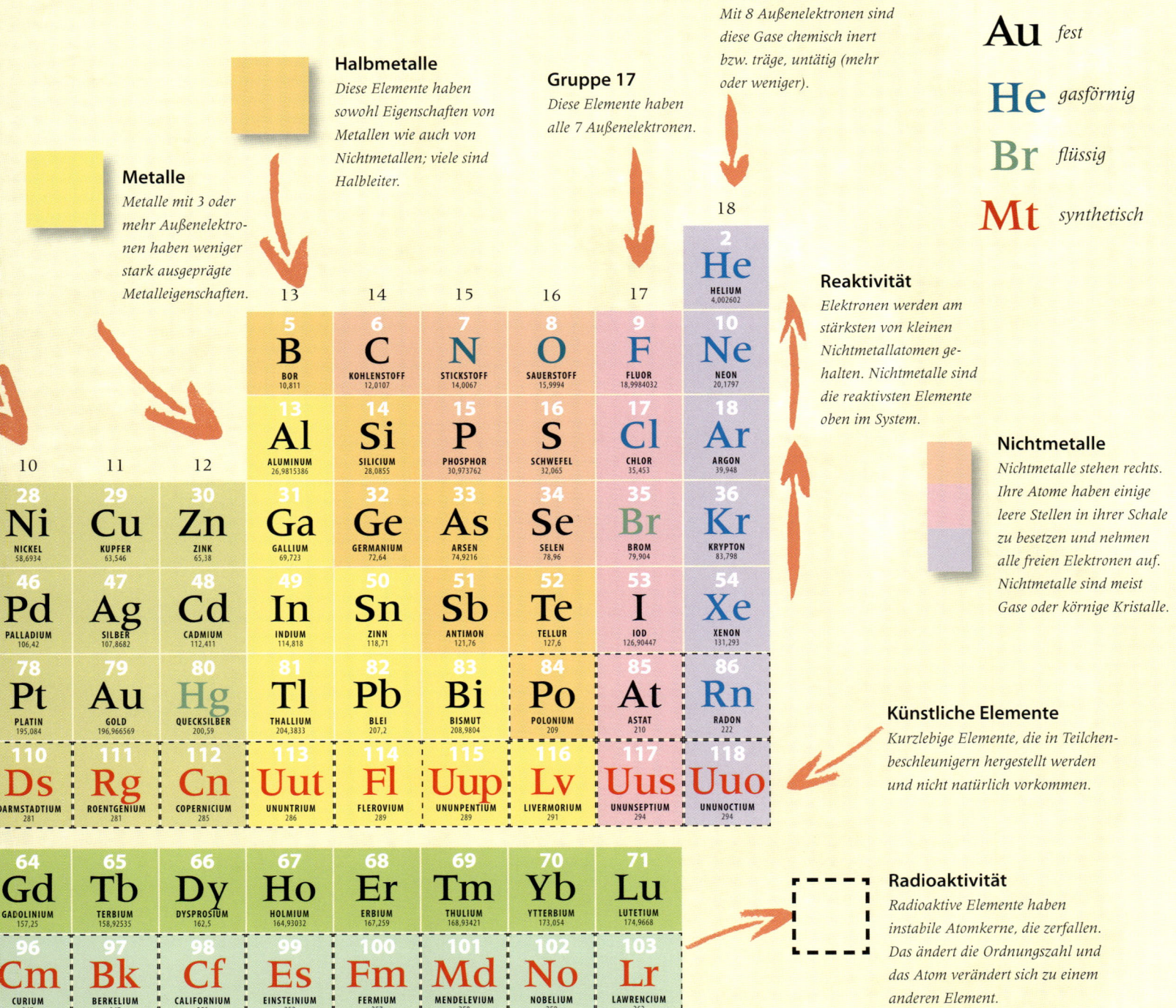

Gruppe 18

Mit 8 Außenelektronen sind diese Gase chemisch inert bzw. träge, untätig (mehr oder weniger).

Halbmetalle

Diese Elemente haben sowohl Eigenschaften von Metallen wie auch von Nichtmetallen; viele sind Halbleiter.

Gruppe 17

Diese Elemente haben alle 7 Außenelektronen.

Metalle

Metalle mit 3 oder mehr Außenelektronen haben weniger stark ausgeprägte Metalleigenschaften.

Au *fest*

He *gasförmig*

Br *flüssig*

Mt *synthetisch*

Reaktivität

Elektronen werden am stärksten von kleinen Nichtmetallatomen gehalten. Nichtmetalle sind die reaktivsten Elemente oben im System.

Nichtmetalle

Nichtmetalle stehen rechts. Ihre Atome haben einige leere Stellen in ihrer Schale zu besetzen und nehmen alle freien Elektronen auf. Nichtmetalle sind meist Gase oder körnige Kristalle.

Künstliche Elemente

Kurzlebige Elemente, die in Teilchenbeschleunigern hergestellt werden und nicht natürlich vorkommen.

Radioaktivität

Radioaktive Elemente haben instabile Atomkerne, die zerfallen. Das ändert die Ordnungszahl und das Atom verändert sich zu einem anderen Element.

1 Chemie der Steinzeit

GRUNDSÄTZLICH IST CHEMIE DIE KLASSIFOZIERUNG VON MATERIALIEN, DIESER PROZESS BEGANN BEREITS ZU BEGINN DER MENSCHHEIT. Feuer, Farben und Brotherstellung sind Beispiele für aktiv angewandte Chemie. Unsere frühesten Vorfahren und selbst primitive Hominiden machten sich bereits die chemischen Eigenschaften der natürlich vorhandenen Substanzen zunutze.

Holz, Sehnen und eine steinerne Pfeilspitze wurden zu Pfeil und Bogen zusammengesetzt, um Wild zu erlegen. Die Szene wurde mit farbiger Tonerde und ein wenig Fantasie für Jahrtausende festgehalten.

Die früheste Epoche menschlicher Kultur wird mit dem vagen Begriff Steinzeit bezeichnet. Sie begann vor mehr als zwei Millionen Jahren, lang bevor sich der moderne *Homo sapiens* auf der Erde entwickelte. Als Meilenstein in der Entwicklungsgeschichte wurden damals einfache Werkzeuge von unserem direkten Vorfahren, dem *Homo habilis* (geschickter Menschen) entwickelt. Die Steinzeit verdankt ihren Namen dem Umstand, dass fast alle Nachweise menschlicher Aktivität aus dieser fernen Zeit aus Stein sind, bearbeitet von prähistorischen Händen. Nichtsdestotrotz gilt es als sicher, dass nicht nur Stein als Material verwendet wurde, insbesondere, seitdem der moderne Mensch etwa 50.000 v. Chr. dominant wurde.

Aber es gibt nur wenige von unseren fernen Vorfahren Gegenstände aus Knochen, Geweih, Sehnen, Hufen und Holz angefertigte, die bis heute intakt erhalten sind. Es wird angenommen, dass der *Homo erectus* (aufgerichteter Mensch)in Ostasien eine Technologie auf der Basis von Bambus entwickelt hatte, von der jedoch nichts überliefert ist.

Flammen und Nahrung

Es gibt einige Dinge, die den Menschen vom Tier unterscheiden, doch die Kontrolle des Feuers ist eines der bedeutendsten. Es wird vermutet, dass Menschen das Feuer bereits vor 1,8 Millionen Jahren zähmten, und sicher ist, dass um 120.000 v. Chr. zumindest alle Gemeinschaften in Afrika Feuer zu entfachen wussten, vielleicht auch anderswo. Feuer ist die schnelle Freisetzung von Energie, wenn Sauerstoff mit einem Brennstoff reagiert. Das Licht brennenden Holzes oder Dungs befreite den Menschen von dem ihm vom Sonnenauf- und -untergang auferlegten Zeittakt, und die Hitze ermöglichte ihm, die ihn umgebenden Materialien zu verändern. Das beste

Handäxte aus Feuerstein wie diese wurden bereits vor 1,8 Millionen Jahren von den ersten Menschen benutzt, um Tiere zu zerlegen und Holz zu schnitzen.

Beispiel ist vielleicht das Kochen. Die Hitze verdaut die Nahrungsmittel vor und spaltet sie in Nährstoffe auf, die vom Darm leicht aufgenommen werden können. Feuer trieb auch die erste Technologie voran. Rudimentäre Gefäße, aus feuchter Tonerde geformt, wurden in der Hitze gehärtet. In diesen ersten Töpfen bewahrte man gesammelte Körner und das daraus gemahlene Mehl auf. Auch einfache, auf heißem Stein gebackene Brotlaibe basieren auf Chemie. Brot ist nicht nur eine einfache Mischung von Mehl und Wasser. Beides reagiert miteinander, um dehnbares Gluten zu produzieren und dann zu dem gewohnten elastischen Teig geknetet zu werden.

Kunst und Magie

Chemie spielte auch bei anderen zeremoniellen Aspekten der Steinzeitgesellschaft eine Rolle. Die frühe Kunst war ein Versuch, mit Magie Einfluss auf wichtige Ereignisse wie eine bevorstehende Jagd zu nehmen. Holzkohlenspitzen dien-ten als erste Stifte und zerstampfte Tonerde wurde mit Wasser gemischt, um einfache Farben herzustellen, die zu Mustern geworfen oder gespuckt wurden. Zinnoberrot (Quecksilbersulfid) und Gelb und Orange aus Ocker (verschiedene Eisenoxide) ergeben eine wiederkehrende Farbpalette der Steinzeit, die bis heute in traditionellen Malstilen auf der Welt vorherrscht. Es sollte nicht das letzte Mal sein, dass Künstler der Wissenschaft den Weg wiesen.

STEIN UND STATUS

Die ersten Kulturen wiesen den Objekten einen Wert zu, der über ihre Nutzung hinausging, obwohl der „Wert" mit dem praktischen Gebrauch begann. Ein scharfes Geweih eignete sich ideal zum Graben, denn es war härter als Holz, aber flexibler als Stein. Wer ein solches zum Graben besaß, dürfte also gut über es gewacht haben, mehr jedenfalls als über Objekte aus Holz, die sich leichter ersetzen ließen. Das wertvollste Objekt des paläolithischen Werkzeugkastens war die Handaxt, ein handgroßer, keilförmiger Stein, der die auf das breite Ende ausgeübte Kraft auf den einer Schneide ähnlichen Rand des anderen Endes konzentrierte, genau wie bei modernen Messern oder Äxten. Äxte wurden oft aus Feuerstein oder anderen mikrokristallinen Steinen gefertigt, die sich zu harten Teilen mit scharfen Rändern zerbrechen ließen. Man hat Äxte gefunden, die für eine praktische Verwendung zu groß waren und Status-Zwecken dienten.

2 Natürlich rein

IN DER NATUR IST ALLES VERBUNDEN. DIE ERSTEN MENSCHEN WERDEN KAUM JE EIN REINES PRODUKT GESEHEN HABEN; ALLES UM SIE HERUM WAR MITEINANDER VERMISCHT UND VERBUNDEN. Insofern erregten Goldklumpen oder Objekte, die ganz aus einem Stoff gemacht schienen, so viel Aufmerksamkeit – und tun es bis heute.

Einige der auf der Erdoberfläche reichlich vorhandene Elemente sind Metalle wie Eisen, Aluminium und Calcium. Doch diese Metalle findet man, wie die meisten anderen, nicht in reiner Form. Stattdessen kommen sie in Verbindungen mit Silicium, Sauerstoff und anderen Nichtmetallen natürlich vor. Sie bilden eine Fülle von Mineralen, natürlichen Verbindungen, aus denen Gestein, Tonerde und Sand bestehen, die eine natürliche Landschaft ausmachen. Aber es gibt hier und da glitzerndes Gold unter den homogenen Braun- und Grautönen. Gold ist eines der wenigen Elemente, die oft in natürlich reiner Form vorkommen. Silber, Kupfer, Schwefel und Quecksilber finden sich eher selten in reiner Form. Seine chemischen Eigenschaften und sein einzigartiger gelblicher Farbton machen Gold zu einer so wertvollen Substanz.

Kupfer ist das häufigste natürliche Metall und wurde deshalb als erstes weitverbreitet verarbeitet.

GOLD HEUTE

Alles bis heute abgeschiedene Gold würde einen Würfel von 20 Metern Seitenlänge formen. Die Hälfte davon wird zu Schmuck und zehn Prozent in hochtechnologischen Elektronik- und Medizinprodukten verarbeitet. Gold wird natürlich wegen seines Werts aufbewahrt: 40 Prozent wird in Banken gelagert und zu Investitionszwecken gehandelt, denn schließlich steigt sein Preis seit Jahrtausenden.

Metallbearbeitung

Die erste Bearbeitung von Metallen fand mit natürlichen Mitteln statt. Sie wurden flach gehauen oder geschmolzen und geformt. Im Nordirak hat man Perlen aus natürlichem Kupfer gefunden, deren Alter auf 11.000 Jahre geschätzt wird. Gold ist viel seltener, deshalb gibt es weniger überlieferte Artefakte – die ältesten stammen aus Varna in Bulgarien und sind auf 5000 v. Chr. datiert. Die ersten Goldminen gab es 2400 Jahre später in Ägypten. Gold ist ein weiches Metall – der wahre Wert einer Goldmünze wird mit einem Biss geprüft – und eignet sich nur zur Dekoration. Doch während andere Metalle durch Korrosion ihre Härte verlieren oder mit der Zeit anlaufen, haben die Menschen schnell gelernt, dass das Familiengold auch nach mehreren Generationen nicht verblasst. Es zerfällt auch nicht zu wertlosem Rost. Deshalb wurde Gold zu einem Reservoir für Reichtun und hat diesen Status noch heute inne.

3 Bronzezeit

DIE HANDWERKER DES ALTERTUMS KANNTEN BEREITS DIE LEGIERUNG, DIE MISCHUNG AUS ZWEI ODER MEHR METALLEN. GOLD WURDE OFT GEMISCHT MIT DEM WENIGER WERTVOLLEN SILBER GEFUNDEN – DIESE NATÜRLICHE LEGIERUNG WIRD ELEKTRUM GENANNT. Doch es sollte die Bronze, eine von Menschenhand geschaffene Legierung sein, die die Welt veränderte.

Das Bronzezeitalter ist eine ungenaue Epoche der Geschichte; eine Zeit, in der Menschen Götter sein konnten, für die man die Pyramiden erbaute, als der trojanische Krieg durch ein hölzernes Pferd gewonnen und der Überlieferung nach Atlantis zerstört wurde. Alles begann durch einen Zufall. Im 4. Jahrtausend v. Chr. stellten Metallbearbeiter in Sumer fest, dass die Holzkohlenfeuer, in denen sie natürliches Kupfer erhitzten, mehr Kupfer produzierten als sie hineingaben. Die an Kupferverbindungen reiche mineralhaltige Erde verband sich mit dem reinem Kupfer. Die Minerale reagierten mit der brennenden Holzkohle, die fast aus reinem Kohlenstoff bestand und wurden zu reinem Kupfer reduziert. Ebenso wurde aus anderen Erzen auch Zinn gewonnen. Die Sumerer fanden heraus, dass die beiden geschmolzenen Metalle, wenn man sie mischte und erkalten ließ, eine feste Legierung bildeten, die fester und härter als jedes der beiden Metalle allein war – sie hatten die Bronze erfunden.

Technischer Fortschritt

Die Bronze trieb die menschliche Entwicklung einen großen Schritt voran. Aus ihr wurden härtere, länger haltbare Werkzeuge gefertigt, mit denen sich haltbarere Konstruktionen verbreiteten. Widerstandsfähige Bronzepflüge gruben die Erde schneller um, ohne zu zerbrechen. Fahrzeuge mit Rädern wurden angefertigt und mit Bronze verstärkt, um das Erz aus den Minen zu transportieren. Auf den Schlachtfeldern war ein Soldat in Bronzearmatur vor den Kupferwaffen des Gegners sicher – doch seine Gegner waren nicht vor seinem Bronzeschwert geschützt.

Solche korinthischen Helme, aus einem einzigen Bronzestück gegossen, trugen die griechischen Soldaten im 1. Jahrtausend v. Chr.

4 Eisenzeit

DER SCHMELZPROZESS WAR NICHT NUR NÜTZLICH, UM KUPFER UND ZINN ZU GEWINNEN. AUCH AUS ANDEREN ERZEN KONNTEN REINE METALLE REDUZIERT WERDEN. Man sprach von „reduziert", weil das produzierte Metall weniger wog als das Ausgangsmaterial. Die Metallbearbeiter konnten verschiedene Erze anhand ihres Gewichtes, ihrer Textur und sogar ihres Geruches identifizieren. Schließlich entwickelten sie Eisenerz, das Metall, das am häufigsten verwendet wird.

Eisen kommt kaum in reiner Form vor, es ist einfach zu reaktionsfreudig. Trotzdem ist es das meist verwendete Element der Welt unter den Metallen. Der größte Teil des auf unserem Planeten vorhandenen Eisens sitzt im heißen Erdkern und entzieht sich unserer Verwendung, aber Eisen kommt häufig genug im Gestein der Erdkruste vor. Nur Sauerstoff, Silicium und Aluminium finden sich häufiger in der Erdkruste.

Doch unseren Vorfahren war nicht bewusst, dass Eisen leicht zugänglich war. Im Alten Ägypten galt Eisen als magisches „Metall des Himmels", das in Meteoriten vom Himmel fiel. Da Kupfer und Bronze damals einen natürlich hohen Gehalt an arsenhaltigen Verunreinigungen hatten, die sie härteten, verspürten die Ägypter nicht das Verlangen nach stärkeren Alternativen. Die Suche nach einem besseren Material fand in der Antike an anderen Orten statt – und dort begann die Eisenzeit.

Metallbearbeiter bei der Raffination und dem Formen von Eisen; sie galten als spezialisierte Handwerker. Dank der eisernen Werkzeuge, die sie schufen, wurde die Landwirtschaft effizienter und es gab Nahrungsmittel im Überfluss. Dadurch konnten sich die Gemeinschaften der Eisenzeit um mehr als das reine Überleben kümmern.

KORROSION

Eisen wurde aufgrund seiner physischen Eigenschaften – Stärke und Biegsamkeit – und seines unerschöpflichen Vorkommens zum meist verwendeten Metall. Mehr als eine Billion Tonnen Eisen werden jedes Jahr raffiniert. Dennoch hat Eisen eine Schwachstelle – es rostet. Langsam aber sicher reagiert Eisen mit Sauerstoff und Wasser und wird zu dem schuppigen und porösen Mineral Goethit – gemeinhin Rost genannt. Die Korrosion verwandelt mit der Zeit alles raffinierte Eisen zu rotem Staub, obwohl Beschichtungen und Legierungen den Prozess verlangsamen können. Eisen dehnt sich auch aus, wenn es rostet; irgendwann wird auch der betonverstärkende Stahl Risse bekommen und alles zum Einsturz bringen.

Ein ehemals eindrucksvoller Dolch, vom Rost zerfressen.

Schmelzen und Schmieden

Nur wenige Jahrhunderte nach der Entdeckung der Bronze scheint man im heutigen Norden Syriens und im Süden der Türkei das erste Eisen geschmolzen zu haben. Auch in Tansania wurden Eisenarbeiten gefunden, die auf 2000 v. Chr. Zu datieren sind; sie sind wahrscheinlich das Resultat einer unabhängigen Entwicklung der Technik. Etwa 1200 v. Chr. wurde die Eisentechnologie von Westafrika bis in den Kaukasus verwendet und breitete sich später bis nach China und Westeuropa aus.

Bei einer Bronzeschmelze (bei der man Kupfer- und Zinnerze zusammen reduziert) wird eine Temperatur von etwas mehr als 1000° C erreicht – diese Temperatur erreicht ein Holzkohleschmelzofen. Eisenschmelzereien arbeiten aber bei Temperaturen von über 1500° C, das kann mit Holzkohle nicht erreicht werden. Dadurch war die erste Gewinnung von Eisen ein aufwändiges Unterfangen. Bei nicht optimalen Temperaturen war das gewonnene Eisen eine poröse Masse und mit Unreinheiten oder Schlacke durchsetzt. Dieses Produkt, das man auch Vorblock, Masseleisen oder Roheisen nennt, musste geschmiedet – wiederholt gehämmert, wieder erhitzt und abgekühlt werden – um die Schlacke auszutreiben und das Metall in eine reinere, bearbeitbarere Form zu bringen: das Schmiedeeisen.

Aufkohlen

Die Eisenbearbeiter stellten fest, dass Roheisen zu spröde und Schmiedeeisen zu weich war. Der Stoff aber, der für ein härteres Eisen sorgen und die Bronze ersetzen konnte, befand sich bereits in den Schmelzöfen. Die ersten Eisenschmelzöfen, Rennöfen oder Rennfeuer genannt, hatten große Blasebälge, mit denen Luft in die brennende Mischung aus Holzkohle und Erz aus Eisenoxid geblasen wurde. Die Holzkohle produzierte Kohlenmonoxid, das wiederum mit dem Eisenoxid reagierte und Sauerstoff zu Kohlendioxid umwandelte. Dadurch reduzierte das Erz zu reinem Eisen (Roheisen, gemischt mit anderen Materialien). Schmiedeeisen war weich, weil der ganze Kohlenstoff darin durch den Schmiedeprozess verbrannt war. Doch wenn man das geschmiedete Metall tief in der Holzkohle erhitzte und dann in Wasser tauchte, war das daraus resultierende Metall viel härter. Dieser Prozess wird heute Aufkohlen (Carburieren) genannt und reichert das Eisen wieder mit einer härtenden Schicht aus Kohlenstoff an. Seit der Moderne wird diese Mischung aus Eisen und Kohlenstoff Stahl genannt, ein Wort, das auch zum Synonym für Haltbarkeit und Stärke geworden ist. Die Römer, die Han Dynastie Chinas, die Wikinger und die japanischen Samurai verdanken ihre militärischen Erfolge und ihre daraus resultierende Macht der jeweils neuesten Stahltechnologie.

HOCHÖFEN UND KONVERTER

Die Rennöfen wurden mit der Zeit verbessert. Wasserräder erhöhten die Luftzufuhr für die Ventilierung der Schmelzöfen und durch die Verwendung von Koks (raffinierter Kohle) wurde die Innentemperatur erheblich gesteigert. Die Zugabe von Kalkstein half, Verunreinigungen zu beseitigen. Nach und nach wandelten sich die ersten bescheidenen Rennfeueröfen zu enormen Hochöfen. 1855 entwickelte der Engländer Henry Bessemer einen Konverter, der große Mengen Roheisen direkt in Stahl verwandelte, ohne vorher Schmiedeeisen herstellen zu müssen.

In der Bessemerbirne wird Luft durch das im Hochofen geschmolzene und shr kohlenstoffreiche Roheisen geblasen.

5 Minerale

METALLE SIND MICHT DIE EINZIGEN CHEMISCHEN SUBSTANZEN, DIE FRÜHE ZIVILISATIONEN RAFFINIERTEN UND BEARBEITETEN. Edelsteine von hohem Wert haben oft die Jahrhunderte überdauert, Beweise für die Nutzung anderer Minerale sind jedoch lückenhaft.

Die Alkoholgärung gehört zu den ersten chemischen Prozessen, die der frühe Mensch für sich genutzt hat. Hefen, die auf gelagerten Früchten und Körnern wuchsen, wandelten den Zucker auf natürliche Weise in Äthanol um. Doch erst die Chinesen stellten vor mindestens 9000 Jahren den ersten Wein aus Honig und Reis her. Das Färben von Leder beruhte auch auf einem chemischen Vorgang: Tierhäute wurden mit eingeweichter Rinde oder Dung behandelt, um die Proteine in haltbares, wasserfestes Material zu verwandeln, das nicht verweste.

Vieles von dem, was wir über die Chemie des Altertums wissen, stammt aus der Analyse von Tonscherben und der auf ihnen hinterlassenen Reste des Inhalts. Die Herstellung von Tonwaren selbst beruht auf einem chemischen Prozess, bei dem weiche Tonerde durch Hitzeeinwirkung zu fester Tonware wird. Tönerne Tafeln waren das Papier der Bronzezeit. Auf einer von einem sumerischen Arzt um 2100 v. Chr. beschriebenen Tafel stehen die Zutaten verzeichnet, die er regelmäßig verwendete: Meersalz (Natriumchlorid), Soda (Natriumcarbonat) aus verbrannten Pflanzen, Salmiak (Ammoniumchlorid) aus Kohleasche, Salpeter (Kaliumnitrat, später Bestandteil von Schießpulver), Öle und Fette sowie Alkohol, wahrscheinlich als Lösungsmittel, Antiseptikum und Anästhetikum genutzt.

Die unverwechselbaren Farben der Totenmaske Tutanchamuns bestehen aus Gold von höchstem Reinheitsgrad mit Einlagen aus Lapislazuli. Der blaue Stein ist einer der ersten in großem Umfang produzierten Edelsteine und wurde fast 4000 km entfernt in Afghanistan abgebaut.

KÜNSTLICHES GESTEIN

Beton ist ein hartes, gesteinsartiges Material. Es wird aus Granulaten hergestellt, oft aus Sand und Zement als Bindemittel. Seine Struktur ähnelt der von Sedimentgesteinen; der Unterschied besteht darin, dass Betonschlamm in nassem Zustand in Formen gegossen werden kann und aushärtet. Die Ägypter waren im Altertum die Pioniere in der Verwendung von Beton, den sie aus Gips (Calciumsulfat) und Kalk (Calciumoxid) herstellten, der durch die Erhitzung von Kalkstein oder Schalen gewonnen wurde. Zement trocknet nicht nur, er setzt sich und wird fest, wenn seine Kristalle die Wassermoleküle absorbieren.

Das Pantheon in Rom wurde 118–125 n. Chr. erbaut. Seine 43 m hohe Kuppel besteht aus mit Vulkanasche zementiertem Beton.

6 Glasherstellung

DIE TRANSPARENTEN EIGENSCHAFTEN DES GLASES SIND EHER BANALEN URSPRUNGS. GLAS BESTEHT AUS EINER UNMENGE VON SANDKÖRNERN, DIE DURCH INTENSIVE HITZE ZU EINEM GITTERWERK VERSCHMELZEN. Auf natürliche Weise entsteht es durch Naturereignisse wie Blitze oder Vulkanausbrüche, doch die Menschen des Altertums konnten bereits Sandkörner in schöne Objekte zu verwandeln.

Die altägyptische Zivilisation war in der Mitte des 3. Jahrtausends v. Chr. die erste, die Glas herstellte. Wahrscheinlich haben Kupferschmiede zufällig Glas hergestellt, als sie Sand unter die Erze mischten, die sie bei hoher Temperatur schmolzen. Sand besteht zum Großteil aus kleinen Siliciumdioxid-Kristallfragmenten, auch als Quarz bekannt.

In der Natur entsteht Glas durch enorme Krafteinwirkung, bei der Temperaturen von über 1700° C einwirken, dem Schmelzpunkt von Siliciumdioxid. Im Alten Ägypten wurde bei diesem Prozess Siliciumdioxid mit Natriumcarbonat vom Grund der Seen in der Nähe des heutigen Alexandria vermischt (in der Region wird immer noch viel Glas produziert). Wenn man Natriumcarbonat mit Siliciumdioxid brannte, war der Schmelzpunkt der Mischung erheblich niedriger und es somit möglich, flüssiges Glas in einem Holzkohleschmelzofen zu produzieren. Die Ägypter verwendeten dieses Glas hauptsächlich als Glasur für ihre Töpfe. Die eigentliche Glasproduktion begann mehrere Jahrhunderte später in Mesopotamien. Es sollte jedoch noch viele Jahre dauern, bevor Glas die Töpferwaren ersetzen konnte. Das ägyptische Glas mit Soda-Anteil war leicht wasserlöslich und wurde deshalb mit der Zeit durch das Wasser dünner und schwächer. 1300 v. Chr. gab es eine Lösung gegen diesen Verfall, als man den Soda-Anteil durch ungelöschten Kalk (Calciumoxid) ersetzte.

Aufgrund von Verunreinigungen durch Kobalt- und Kupferanteile war das Glas im Altertum oft blaustichig. Um weißes Glas zu produzieren, wurde Zinn zugesetzt; Blei und Antimon (ein weiteres schweres Metall) ergaben gelbliche Objekte. Einige assyrische Glaswaren waren aufgrund eines Goldanteils rötlich, doch es bleibt ein Mysterium, wie die frühen Glasmacher sie herstellten.

WERKZEUGE

Obsidian ist ein schwarzes vulkanisches Gesteinsglas, das innerhalb eines Lavastroms entsteht. Die Azteken und Maya Zentralamerikas benutzten Obsidian zur Herstellung von Werkzeugen. Man konnte daraus rasiermesserscharfe Klingen formen, die schärfer waren als jede Klinge aus Stein. Das Glas war auch hart genug, um als Meißel zu dienen. Die auf Glas basierende Technologie Mesoamerikas war der Grund dafür, dass sich dort keine Metallverarbeitung entwickelte.

Antike Glasgegenstände, wie diese ägyptische Schale aus dem 4. Jahrhundert n. Chr., wurden gegossen, nicht geblasen.

7 Klassische Elemente

DIE MODERNE CHEMIE BASIERT AUF DEN KLASSISCHEN ELEMENTEN, EINER REIHE VON EINZIGARTIGEN, REINEN UND NICHT TRENNBAREN SUBSTANZEN, AUS DENEN DAS UNIVERSUM BESTEHT. Dieses von vielen Generationen von Wissenschaftlern gründlich überprüfte Konzept war zuächst kaum mehr als eine Intuition der wissenshungrigen und dennoch abergläubischen alten Griechen.

Erde, Luft, Wasser und Feuer, die vier klassischen Elemente, waren keine Erfindung der Griechen. Babylonier, Chinesen, Ägypter und andere erkannten, dass die Zutaten, aus denen die Natur gemacht war, als feucht, trocken, heiß, hart oder weich usw. beschrieben werden konnten. Die Kulturen verbanden die materielle Welt oft mit der metaphysischen, und so wurden elementare Substanzen auch als Manifestation übernatürlicher Kräfte angesehen.

Aber nicht von den alten Griechen. Viele Forscher gehen davon aus, dass Griechenland zum Epizentrum der Wissenschaft und Philosophie wurde, weil seine nur allzu menschlichen Göttern, die zankend auf dem Berg Olympus saßen, ihnen einfach zu dürftige Antworten auf so viele große Fragen der menschlichen Existenz lieferten. So überließ man es den Philosophen, angefangen bei Thales von Milet (um 600 v. Chr.), mit nichts als Beobachtung, Beweisführung und Logik einige Lösungen zusammenzusetzen.

Der Mann, der die Grundlagen für die Vier-Elemente-Theorie schuf, die das westliche Gedankengut für die nächsten 2200 Jahre beeinflussen sollte, war Empedokles. Er lebte im 5. Jahrhundert v. Chr. in Sizilien und sagte, die Kraft der Liebe vermenge alle Elemente, während die entgegengesetzte Kraft der Zwietracht sie auseinandertreibe. Der ewige Kampf zwischen den beiden treibe die in permanentem Wandel befindliche natürliche Welt an.

Eine Zeichnung aus dem 16. Jahrhundert zeigt die Kraft der klassischen Elemente. Neben Feuer, Luft, Wasser und Erde zeigt das Netzwerk auch ihre Kombination – Dürre, Hitze, Feuchtigkeit und Kälte.

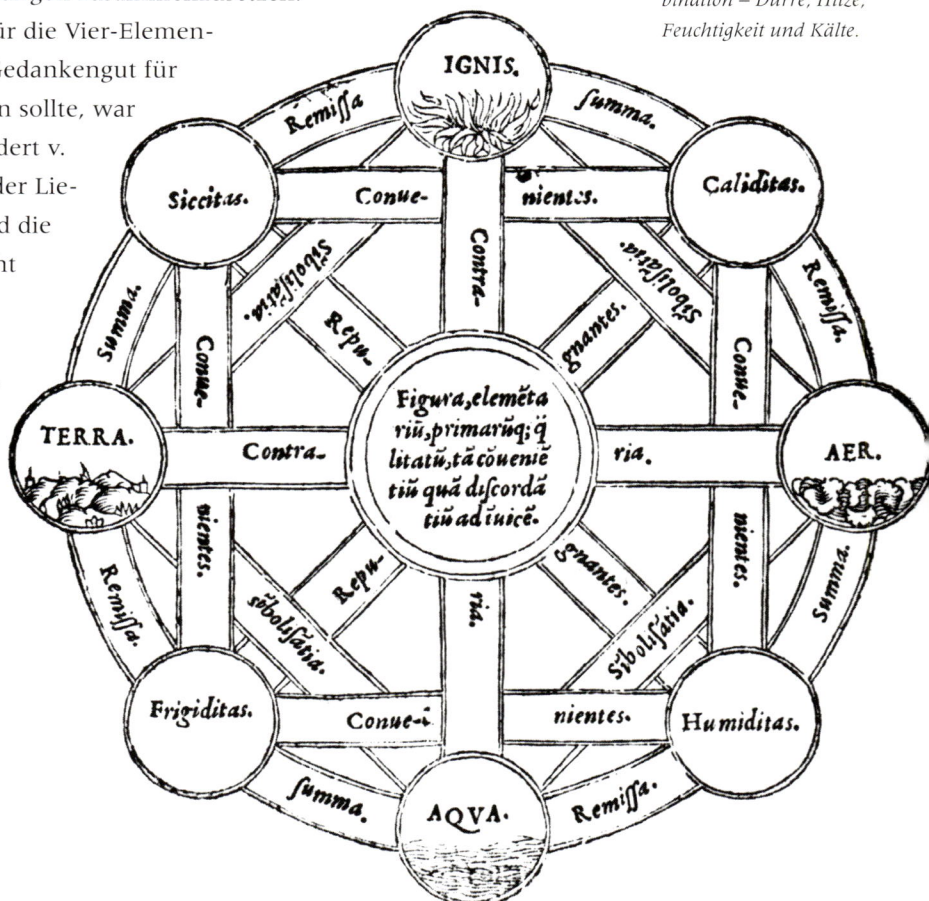

DIE VIER KÖRPERSÄFTE

Der griechische Arzt Hippokrates gilt als einer der Gründerväter der Medizin. Er war ein Zeitgenosse von Empedokles und gründete sein Verständnis der menschlichen Physiologie auf vier verschiedene Körpersäfte. Die Körpersäfte entsprachen den Elementen: Schwarze Galle war Erde, gelbe Galle war Feuer, Schleim war Wasser und Blut war Luft. Wenn eine Körperflüssigkeit begann, die anderen zu dominieren, war Krankheit das Resultat, so glaubte man. Viele frühe Behandlungsmethoden wie der Aderlass waren Versuche, die Körperflüssigkeiten wieder in Einklang zu bringen.

8 Elektron und Magnesia

DAS IM ZENTRUM DER MODERNEN CHEMIE STEHENDE PHÄNOMEN IST DER MAGNETISMUS. Die Emission von Licht ist mit ihm verbunden, er dient der weltweiten Navigation und sorgt für die Informationspeicherung von Computern. Doch unser Verständnis des Elektromagnetismus ist auf einen Bernsteinklumpen und den Sohn des Zeus zurückzuführen ...

Natürlich magnetischer Stein oder Magneteisenstein besteht aus stark eisenhaltigen Mineralen, die in geologischen Prozessen langsam erwärmt wurden. Dabei werden die innen liegenden Eisenatome auf das Magnetfeld der Erde ausgerichtet. Sobald sie ausgerichtet sind, entsteht durch die kumulative Aktion der Atome die Magnetwirkung.

WEGWEISENDER MAGNET

Während die Griechen über Magneteisensteine philosophierten, benutzten die indischen Ärzte sie, um damit Pfeilwunden von Eisenstückchen zu reinigen, und die Chinesen stellten erste Kompasse aus freischwebenden Magneteisensteinen her. Erst im 11. Jahrhundert n. Chr. wurde der Kompass zu einem Werkzeug der Navigation. Zuvor benutzte man ihn im Feng Shui und zur Weissagung.

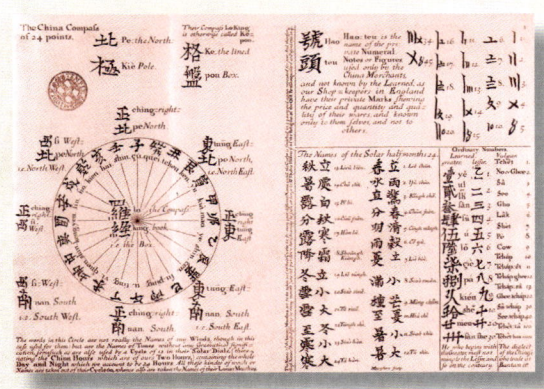

Zeichnung eines chinesischen Navigationskompasses (18. Jh.). Eine Magnetnadel schwebte auf dem Wasser.

Das griechische Wort für Bernstein ist „elektron", die Wurzel moderner Wörter wie Elektrizität und Elektron. Bernstein ist ein fossiles Baumharz. Für die Griechen brachte sein Name zum Ausdruck, wie der helle orangene Stein das Sonnenlicht einfing. Im 4. Jahrhundert v. Chr. schrieb der griechische Philosoph Theophrastos ein Werk über Gesteinsarten und ihre Eigenschaften. Darin hielt er eine der frühesten Aufzeichnungen über Bernstein fest und führte als ungewöhnlich an, dass er leichtgewichtige Objekte wie Federn oder Staub anziehen konnte. Wenn man an Bernstein reibt, lädt er sich statisch auf und wirkt anziehend, genau wie ein Luftballon an einem Pullover kleben bleibt oder langes Haar vom Kopf wegzieht. Theophrastos erklärt dieses Phänomen nicht – er lebte vor 2000 Jahren – doch sein Hinweis auf Bernstein führte dazu, dass das „elektro" in den Elektromagnetismus gelangte.

Gestein aus Magnesia

Theophrastos erwähnte, dass die *magnítis líthos* – die Steine aus Magnesia – sich nicht nur gegenseitig anzogen, sondern auch gleichermaßen gegenseitig abstießen. Er sprach von Magnetit, einem Eisenoxid, das nach der in der griechischen Region Magnesia, dem mythischen Königreich des Zeus-Sohnes Magnes, benannt war. (Magnesia ist reich an Mineralen, nach ihm sind auch Magnesium und Mangan benannt.) Die intuitive Verbindung zwischen Magneten und Elektrizität wurde erst im 19. Jahrhundert bestätigt, hat aber seither unser Verständnis verändert.

9 Atomismus

MIT DEM BEGRIFF *ATOM* BZW. *ATOMISCH* VERBINDEN WIR DIE MODERNE, DESHALB MAG ES ÜBERRASCHEN, DASS DIE THEORIE BEREITS AUS DER ANTIKE IST. Ihr größter Verfechter war Demokrit, ein griechischer Philosoph, der vor 2400 Jahren lebte. Er erklärte Materie als eine Reihe von unteilbaren Körpern, die sich in einer universellen Leere bewegen..

Demokrit hatte nicht alles richtig erkannt: Das Universum des Demokrit besaß drei konzentrische Regionen. Die Planeten befanden sich im Zentrum, umgeben von den Himmeln. Alles war von einem unendlichen, mit Atomen gefüllten Chaos umringt.

Der Atomismus, die von Demokrit vorgeschlagene Doktrin, sollte erklären, wie die Natur in der Lage sein konnte, sich ständig zu verändern und doch ihre Eigenschaften beizubehalten. Einige seiner Vorgänger waren davon ausgegangen, dass die Veränderung nur eine Illusion sei. Damit sich Material bewegte, so sagten sie, musste es an eine Stelle reisen, wo nichts war – und wie konnte „nichts" sich in „etwas" verwandeln? Und wie konnte die Teilung von Materie zu einem „Nichts" führen, das ihren Platz einnahm?

Trotz dieser nachdenklich wirkenden Darstellung ging Demokrit als Frohnatur und „Lachender Philosoph" in die Geschichte ein, der weder Ziel noch Zweck im Universum sah.

Für Demokrit entsprach die Antwort den Lehren seines Mentors Leukipp: Materie konnte nicht unendlich geteilt werden. Stattdessen bestanden alle Dinge aus kleinsten unteilbaren Teilchen, *átomos* genannt. Alle Änderungen in der Natur entstanden dadurch, dass sich Atome neu ordneten. Demokrit folgerte, dass Atome nicht identisch waren, aber Eigenschaften hatten, die den Reichtum an Substanzen erklärten, die er in der Natur beobachtete: klebrige/zähe oder hakenförmige Atome taten sich zu Feststoffen zusammen, während weiche in Wind und Wasser aneinander vorbeiglitten. Demokrit unterschied sich insofern nicht von seinen Zeitgenossen, als auch er nicht nach Beweisen für seine Theorie suchte und ein Universum aus Atomen nur philosophisch begründete. Innerhalb weniger Dekaden wurde der Atomismus von der aristotelischen Ansicht des Universums verdrängt, doch 2200 Jahre später sollten wissenschaftliche Beweise die Atome des Demokrit als Bausteine der Natur bestätigen.

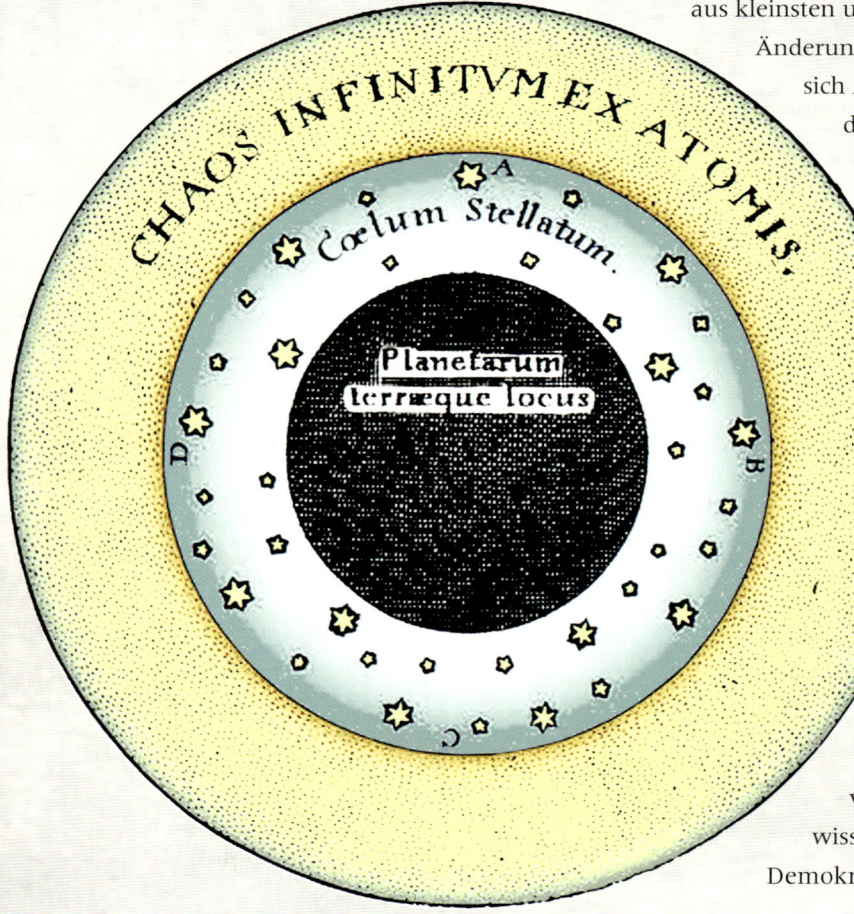

10 Platonische Körper

PLATON WAR EIN ZEITGENOSSE DEMOKRITS, DOCH BEILEIBE NICHT EIN VERFECHTER SEINER THEORIE. Er lehnte das Chaos des Atomismus ab und wollte Demokrits Bücher verbrennen.

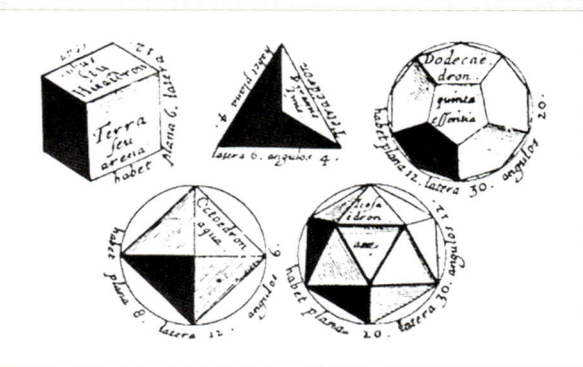

Für Platon war, genau wie für Pythagoras zuvor, das einzig Unveränderbare in der Natur die Mathematik. Die Elemente mussten sich der Ordnung – und Schönheit – der Zahlen unterordnen. Platons Elemente nahmen die Form regelmäßiger Polyeder an – die platonischen Körper – von denen es nur fünf geben konnte. Die Erde bestand aus Würfeln, Feuerteilchen waren Tetraeder, die Luft bestand aus Oktaedern und Wasser nahm die Form des 20-flächigen Ikosaeders ein. Da fehlte nur noch einer: Platon ging davon aus, dass der Raum zwischen den Elementen von Dodekaedern gefüllt sei.

Platon ordnete jedem Festkörper ein Element zu, dessen Charakteristiken der Form des Körpers entsprachen.

11 Buddha und Atomismus

DIE VORSTELLUNG VON DEN ATOMEN WAR NICHT AUF DAS WESTLICHE GEDANKENGUT BESCHRÄNKT. Im 4. Jahrhundert v. Chr. beschrieb auch die buddhistische Philosophie in Indien die Elemente auf diese Art.

Die Elemente spielen in den ersten vier buddhistischen Chakren eine Rolle: die Erde als Basis (Wurzelchakra), gefolgt von Wasser (Sakralchakra), Feuer (Nabelchakra) und Luft (Herzchakra).

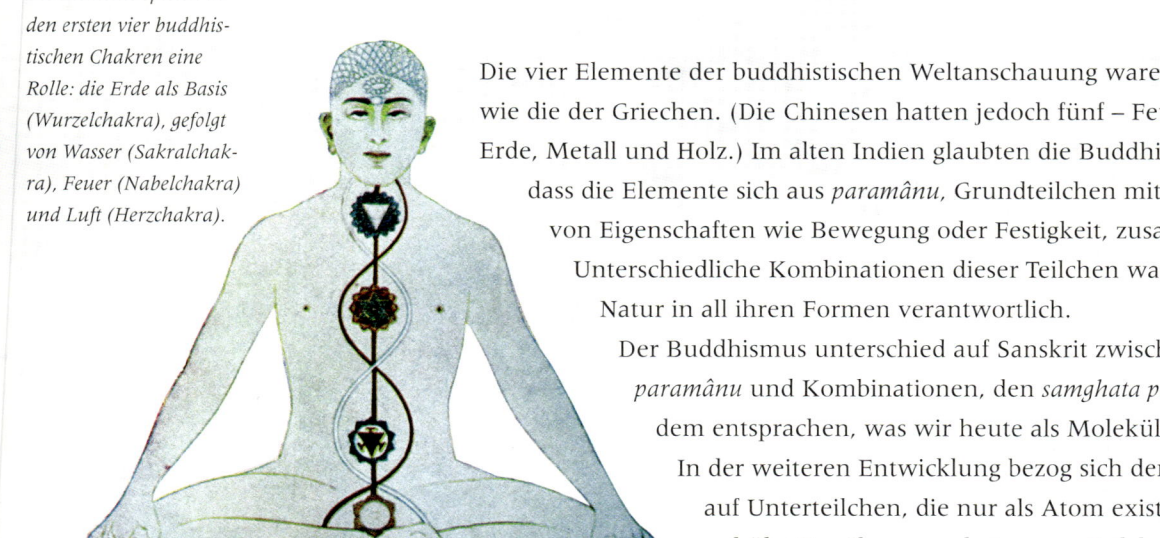

Die vier Elemente der buddhistischen Weltanschauung waren die gleichen wie die der Griechen. (Die Chinesen hatten jedoch fünf – Feuer, Wasser, Erde, Metall und Holz.) Im alten Indien glaubten die Buddhisten daran, dass die Elemente sich aus *paramânu*, Grundteilchen mit einer Vielzahl von Eigenschaften wie Bewegung oder Festigkeit, zusammensetzten. Unterschiedliche Kombinationen dieser Teilchen waren für die Natur in all ihren Formen verantwortlich.

Der Buddhismus unterschied auf Sanskrit zwischen einzelnen *paramânu* und Kombinationen, den *samghata paramânu*, die dem entsprachen, was wir heute als Moleküle bezeichnen. In der weiteren Entwicklung bezog sich der Buddhismus auf Unterteilchen, die nur als Atom existieren – eine frühe Erwähnung subatomarer Teilchen.

CHAKREN

Einigen Philosophen des Ostens zufolge sind die Chakren Energiezentren im Körper, entlang der Wirbelsäule des Körpers. Das Wort aus dem Sanskrit bedeutet „Rad". Jedes Chakra bildet eine Verbindung zwischen den physischen und geistigen Reichen.

12 Äther: Fünftes Element des Aristoteles

ARISTOTELES, PLATONS BEGABTESTER SCHÜLER, WAR DER EINFLUSSREICHSTE DENKER ALLER ZEITEN. Seine Vorstellungen vom Universum galten fast 2000 Jahre lang. Im Zentrum seiner Theorien standen nicht vier, sondern fünf Elemente.

Aristoteles besuchte im 4. Jahrhundert v. Chr. Platons Schule in einem Olivenhain jenseits der Stadtmauern von Athen und muss dabei seinen Lehrer über Äther sprechen gehört haben – einen Urstoff, der den Raum zwischen den Elementen füllte, stets vorhanden, aber unsichtbar und dennoch notwendig, um die Materie vom Nichts abzugrenzen. Als Aristoteles sich anschickte, seinen Meister zu übertreffen, verwarf er diese Idee und erhob den Äther zur Quintessenz oder dem fünften Element.

Die Kombination von Ideen

Für uns ist es heute unergründlich, warum Aristoteles, der Mann, der der Menschheit für Jahrhunderte die Erklärung des Universums lieferte, keine systematischen Beweise für seine Vorstellungen suchte. Doch seine Theorien basierten auf Beobachtungen natürlicher Materialien und der mit ihnen verbunden Phänomene. Er benutzte die Formen und Charakteristiken der vier klassischen Elemente – Erde, Wasser, Luft und Feuer – als Grundlagen, um ein voll funktionsfähiges mentales Modell eines Universums zu bauen, in dem Erde und Menschheit sicher im Zentrum standen.

Aristoteles glaubte, dass die vier Erdelemente sich in verschiedenen Proportionen miteinander verbanden, um die vielen Substanzen zu bilden, die er in der Natur vorfand. Hitze, Trockenheit, Kälte und Feuchtigkeit waren Beweise für das Vorhandensein dieser Substanzen. Der Rauch schwelenden Holzes war die Luft, die aus dem Inneren entkam, das von

Atlas, der griechische Gott, der den Himmel stützt, hält das Universum des Aristoteles aufrecht, das, obwohl zweifelsohne sehr schwer, beträchtlich weniger komplex war als der Kosmos, wie wir ihn heute sehen

DER ÄTHER WIDERLEGT

Wie geht Licht durch ein Vakuum? Eine Antwort darauf war Äther, ein Medium, das existierte, wo es nichts gab. 1887 sollte das Michelson-Morley-Experiment beweisen, dass Lichtgeschwindigkeit sich ändert, wenn sich die Erde durch den sie umgebenden Äther bewegt. Das Experiment zeigte aber keine Auswirkung: die Idee des Äthers war gestorben.

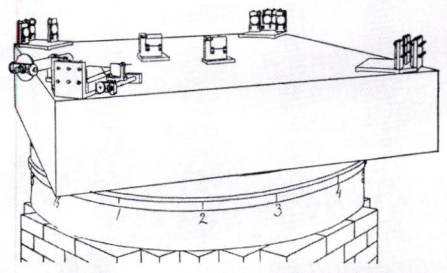

Das berühmte, fehlgeschlagene Experiment spaltete Lichtbündel und führte sie wieder zusammen, um Geschwindigkeitsunterschiede festzustellen.

der Hitze herausgetriebene Harz war das Wasser, die übriggebliebene Asche das Erdelement und die Flammen waren natürlich das Feuer. Flüssige Lava war die Kombination von Wasser, Feuer und Erde, während ein Feuerstein Funken versprühte, weil das leichtgewichtige Feuer in ihm versuchte, der schweren Erde zu entkommen.

Aristoteles folgerte, dass die treibende Kraft hinter natürlichen Ereignissen das Verlangen der Elemente war, in ihre reine Form zu flüchten. Die Erde war das grundsätzlichste aller Elemente und auch das schwerste. Deshalb sank sie unter die anderen und bildete das Land und den Meeresgrund. Wasser bildete die nächste Schicht, gefolgt von der Luft und dem Feuer. Die turbulenten Aktivitäten der Erde, wie Vulkanausbrüche oder Erdbeben und sintflutartige Wolkenbrüche, lieferten weitere Beweise dafür, dass die Elemente den Weg zu den ihnen zustehenden Stellungen fanden.

So formten die Elemente vier Ringe, die in Aristoteles' Universum das irdische, sterbliche Reich bildeten. Es reichte bis zum Mond; die Sonne aber und die fünf bekannten Planeten lagen außerhalb und bewegten sich in immer größeren Kreisen um die Erde. Alles war von einem abschließenden Sternengewölbe umgeben. In der Himmelsregion des Universums jenseits des Mondes befand sich für Aristoteles der Äther. Er war außerhalb jeder Reichweite und vermischte sich nicht mit niederen Elementen. Das wurde durch die unveränderliche Natur der Himmel bewiesen. Das Wort Äther stammt aus dem Griechischen und bedeutet Klarheit und Reinheit. Die Quintessenz ist von der lateinischen *quinta essentia,* dem feinsten unsichtbaren Luft- oder Ätherstoff als fünftes der klassischen Elemente abgeleitet. Erstaunlicherweise bedurfte es Einsteins spezieller Relativitätstheorie im Jahre 1905, um zu erklären, wie das Universum ohne den unsichtbaren, alles durchdringen Äther funktionieren könnte.

DIE WAHRHEIT KOMMT ANS LICHT

Die Theorien des Aristoteles entstanden vor dem Christentum und wurden von Kirchenführern als erwiesene und ihre Schöpfungsgeschichte unterstützende Wahrheit übernommen. Das Universum des Aristoteles lieferte Antworten auf Fragen, die die Bibel nicht abdeckte, widersprach aber der orthodoxen Lehre kaum. Als sich jedoch ab dem 16. Jahrhundert die Beweise gegen die Theorien des Aristoteles häuften, fand sich die Kirche im Widerspruch zu vielen großen Wissenschaftlern, die eigentlich eher die griechische Philosophie herausforderten, als die christliche Botschaft. Erst 1991 gab der Vatikan schließlich Aristoteles' Lehren über die Erde im Zentrum des Universums auf.

Aristoteles ist auf Raffaels Fresko „Die Schule von Athen" (1511) in der Mitte stehend (in Blau) zu sehen. Das Fresko befindet sich im Vatikan.

13 Schwarze Magie: Die Geburt der Alchemie

DIE WISSENSCHAFT DER CHEMIE BEGANN MIT DER PRAKTISCHEN AUSÜBUNG DER ALCHEMIE. Ein Alchemist war Arzt, Erfinder und Zauberer in einer Person, untersuchte aber auch eingehend, woraus die Natur bestand.

Auf diesem niederländischen Gemälde aus dem 17. Jahrhundert ist zu sehen, welch praktische Beschäftigung die Alchemie darstellte, in der Versuch und Irrtum die Theorie ablösten.

Die Alchemie wurde nicht erfunden, sie trat einfach aus dem Schatten hervor. Der Begriff ist wahrscheinlich eine arabische Version *(al-kamiya)* des griechischen Wortes *chymeía* oder *chemeía*. Der Ursprung des griechischen Wortes ist ungewiss, das leicht abgewandelte *chýma* bedeutete jedoch in etwa Metallguss und wäre deshalb naheliegend. Viele Autoritäten sind aber der Meinung, dass das Wort sich auf das Land Ägypten bezieht, denn die alten Ägypter bezeichneten ihr fruchtbares Land als *kemi* (schwarz) und nannten es Kemet „schwarze Erde". Beginnen wir die Geschichte dieser düsteren Praxis in Alexandria an der Nilmündung.

MERLIN, DER ZAUBERER

Alchemisten wurden in der westlichen Kultur als Zauberer und Magier verehrt. Einer der berühmtesten war Merlin, der Mentor König Arthurs.

Alexandria wurde von Alexander dem Großen gegründet und nach ihm benannt. Er war der bekannteste Schüler des Aristoteles und eroberte den größten Teil der bekannten Welt noch vor seinem 30. Lebensjahr. Die große Hafenstadt wurde nach Athen in der Spätantike (bis etwa 300 n. Chr.) zu einem Bildungszentrum. Nur wenige Alchemisten sind namentlich überliefert, aber wir wissen, dass sie unterschiedliche Ziele hatten. Einige waren begabte metallverarbeitende Handwerker, andere Apotheker, die heilende Arzneimittel herstellten. Viele waren jedoch Mystiker auf der Suche nach Wegen, die vier von Aristoteles beschriebenen Elemente zu kontrollieren. Die Alchemisten Alexandrias waren zweifellos von der Metaphysik beeinflusst, zum Beispiel von der griechischen Astrologie, aber auch von den Lehren aus China und Persien.

Generation von Alchemisten entwickelten nützliche Techniken und Apparate. Sie lernten, wie man Flüssigkeiten destilliert und ihre Reinheit testet, wie man Dämpfe sublimiert, vergoldet und Färbemittel verwendet. Diese und weitere Errungenschaften sollten eines Tages von Wissenschaftlern aufgegriffen werden, um die wahre Natur der Elemente ans Licht zu bringen.

14 Geheimes Wissen

WISSEN IST MACHT, UND DIE ALCHEMIE VERFÜGTE ÜBER SO VIEL HIGHTECH WIE ES DAS MITTELALTER ERLAUBTE. Es gab einen islamischen Alchemisten, der seine Entdeckungen lieber geheim hielt oder verschlüsselte.

Als in Europa nach dem Untergang des römischen Reiches im 5. Jahrhundert das Mittelalter begann, waren die Zentren des Wissens weiter östlich im Orient zu finden. Dschabir ibn Hayyan war ein führender persischer Alchemist des 8. Jahrhunderts. Er folgte den Lehren des Aristoteles, nach denen die Elemente sich von einem in das andere ändern konnten und stellte die Quecksilber-Schwefel-Theorie auf. Schwefel war Erde, die zu Feuer mutierte und Quecksilber war Wasser, das kurz davor stand, zu Luft zu werden. Metalle, so glaubte er, waren eine Mischung aus Schwefel und Quecksilber. Deshalb konnte man eines (zum Beispiel Kupfer) einfach in ein anderes (vielleicht Gold) verwandeln, indem man die Proportionen der Bestandteile veränderte. Vielleicht wollte er diese Erkenntnisse vor Uneingeweihten verstecken, vielleicht glaubte er auch, es gehöre sich so – jedenfalls verfasste Dschabir seine Aufzeichnungen in einem mystischen Dialekt, der nur für Eingeweihte verständlich war.

Dschabir (auch: Gabir) wird in europäischen Texten oft in der lateinischen Schreibweise als Geber erwähnt.

15 Praktische Magie

TROTZ IHRER VERBINDUNG ZUM ÜBERNATÜRLICHEN, TRUG DIE MAGIE VIEL DAZU BEI, DIE MENSCHLICHE ZIVILISATION ZU FÖRDERN. Wir verdanken den Alchemisten die Entwicklung der Technologie, die zur Herstellung von Parfüm und feinem Porzellan führte, und sogar die Rezeptur für Schokoladensoße.

Der deutsche Alchemist Berthold Schwarz soll im 14. Jahrhundert eigenständig Schießpulver erfunden haben – das Schwarzpulver.

Viele große Beiträge der Alchemisten waren unbeabsichtigte Konsequenzen ganz anderer Unterfangen. Im 9. Jahrhundert hatten die chinesischen Erfinder des Schießpulvers nicht nach einem Sprengstoff gesucht. Sie hatten versucht, durch die Kombination der mutmaßlich gesundheitsfördernden Qualitäten von Salpeter mit Schwefel und Kräutern eine wärmende Medizin herzustellen. Das Resultat war eine Mischung mit ausreichend Explosionskraft, um für immer die Kriegsführung zu verändern.

Maria Prophetissa, eine wenig bekannte Alchemistin aus der Gegend von Alexandria (1.–3. Jh. n. Chr.), hat uns eine erfreuliche Hinterlassenschaft vermacht: Ihre bleibende Erfindung war ein Apparat, in dem im Wasserbad flüchtige Feststoffe sanft und gleichmäßig erhitzt werden konnten, damit sie schmolzen und nicht anbrannten. Der aus dem Französischen übernommene Begriff *Bain-Marie* wird noch heute verwendet, meist für das Schmelzen von Schokolade im Wasserbad.

Hinter dem Namen Hermes Trismegistos würde man vielleicht eine literarische Figur vermuten, die größere Spuren hinterlassen hat. Wahrscheinlich war er eher eine Mischung aus vorchristlicher Gelehrsamkeit und Prophezeiung, denn eine wirkliche Person. Die mystischen Schriften *Corpus Hermeticum*, die Hermes Trismegistos zugeschrieben wurden, beschäftigten jahrhundertelang viele Alchemisten. Doch der einzige, die Zeit überdauernde Beitrag aus dem Werk ist das Konzept des hermetischen Verschlusses. Damit war ursprünglich eine geheime Methode des Verschlusses von Glaswaren gemeint, bei der wahrscheinlich Wachs wurde. Heute kann mit hermetischem Verschluss, ob hochtechnologisch oder nicht, alles, von einer Tür bis zum einem Halbleiter-Reinraum oder einem festen Deckel auf einem Glas eingemachter Gurken gemeint sein.

DREI PULVER IN EINEM

Die Bestandteile des Schießpulvers sind Salpeter (Kaliumnitrat), Holzkohle, die mehr oder weniger reiner Kohlenstoff ist, und Schwefel. Alle drei werden pulverisiert und sorgfältig gemischt. Das Nitrat liefert zusätzlichen Sauerstoff, damit das Pulver sehr schnell brennt und Gase unter hohem Druck mit einem Knall freisetzt.

Salpeter (oben), Holzkohle und Schwefel in den für Schießpulver nötigen Mengen.

Das arabische Vermächtnis

In der islamischen Lehre wird dem Lernen eine besondere Bedeutung zugemessen. Deshalb hat sich vielleicht gerade in der arabischen Alchemie die Tendenz entwickelt, den mystischen Hokuspokus zu reduzieren und sich auf die Aufzeichnung der Prozesse und Resultate zu konzentrieren. Im 9. Jahrhundert tat Muhammad ibn Zakariya al-Razi, ein persischer Arzt, Philosoph und Alchemist, mehr als die meisten, um die Alchemie zu modernisieren. Er nahm das Wissen der früheren Alexandriner, insbesondere das des Zosimos, und erweiterte es im Lichte der breiten Palette von Materialien, die ihm aus dem immensen arabischen Reich zur Verfügung standen. Der teilte die Minerale in Körper (bearbeitbare Metalle), Salze, Vitriole (schwefelhaltig), Geister (Quecksilber und Schwefel und andere Dinge, die leicht verdampfen), Salze und Gesteine (spröden Stein bildende Minerale) ein.

Mehrere in der Chemie gebräuchliche Wörter sind uns aus der islamischen Alchemie überliefert. Talkum, Realgar, Zinnober und Arsen sind aus dem Arabischen oder Persischen abgeleitete Wörter. Al-Razi selbst übertrug zwei der gebräuchlichsten Lehnwörter – Alkohol und Alkali. Alkohol wurde von *kuhul*, einem dunklen Geist (in Al-Razis Terminologie), abgeleitet, das traditionell als Augen-Make-up verwendet wurde. Wenn man Äthanol aus Wein destillierte, wurde er auch als der Geist, die Essenz, oder *al kuhl* des Originals identifiziert. Raffinierter Alkohol wurde zur Verdünnung von Kräuterölen verwendet und machte muslimische Städte wie Kairo und später Istanbul zum Zentrum des Parfümhandels auf der Welt. Alkali stammt von *al qaliy*, dem arabischen Wort für die Mischung aus Asche und gelöschtem Kalk (Calciumhydroxid). Al-Razi benutzte das Wort, als er beschrieb, wie man Pottasche (Kaliumcarbonat) in eine ätzende, als „scharfes Wasser" bekannte Substanz verwandelt (Kaliumhydroxid), die sogar Stein auflösen konnte.

Die für die islamische Kunst so typischen blauen Kacheln wurden mit Kobaltsalzen hergestellt, die man vor etwa 1000 Jahren in Persien abbaute. Der Farbstoff wurde weit gehandelt: Er fand in feinem chinesischen Porzellan und im luxuriösen blauen Glas Europas Verwendung.

16 Ein neuer Ansatz

DIE ISLAMISCHE WELT WAR SO REICH AN GELEHRSAMKEIT, HATTE ABER VIELE FEINDE UND BEGANN, IHREN EINFLUSS ZU VERLIEREN. Im 10. Jahrhundert begannen auch wissbegierige Geister in Europa, die chemische Natur der Substanzen zu untersuchen.

Roger Bacon gilt als einer der ersten Wissenschaftler und wurde nach seinem Tode als Doctor Mirabilis bekannt. Der Name wäre auch in einem Comic nicht fehl am Platz, bezieht sich aber auf die wunderbaren Lehren, die Bacon hinterließ.

Die Arbeiten von Dschabir, al-Razi und anderen wurden aus dem Heiligen Land von Kreuzfahrern nach Europa gebracht oder bei der Rückeroberung der iberischen Halbinsel erbeutet. Irgendwie fanden sie ihren Weg in die Klöster Europas, die zu der Zeit die meisten schriftkundigen Intellektuellen beherbergten.

Skeptische Meinungen

Der große Wissensreichtum, der sich in den Klöstern Europas häufte, und die aufkeimenden Universitäten führten zu einer neuen Art von Philosophie, die als Scholastik bekannt ist. Sie stufte das Wissen nach dem Grad der Anerkennung seiner Quelle ein und gab den Werken des Aristoteles die größte Bedeutung nach der Bibel. Der einflussreichste Scholastiker war der deutsche Dominikaner Albertus Magnus, der führende Aristoteles-Experte jener Zeit. 1270 verdammten die Kirchenführer in Rom den größten Teil der Naturphilosophie des Aristoteles, einschließlich seiner Theorie über die Elemente. Das führte dazu, dass die Kommentare von Albertus Magnus populärer denn je wurden. Doch wie zuvor der in Teheran geborene Philosoph al-Kindi, sah auch Albertus Magnus die Annahme skeptisch, ein Element könne, wie in Aristoteles' Theorien vorhergesagt, in ein anderes transmutieren. Er hatte generelle Zweifel an den von Alchemisten erbrachten Resultaten, obwohl ihn das nicht daran hinderte, selbst einige Behauptungen aufzustellen. Er schrieb seine Forschungen über Scheidewasser auf – heute als Salpetersäure

Auf diesen Illustrationen aus dem 14. Jahrhundert wird der Prozess der Destillation gezeigt, bei dem flüssige Gemische in reine Bestandteile getrennt werden. Um zum Beispiel Alkohol von Wasser zu trennen, wird die Mischung erhitzt, aber nicht gekocht. Alle entweichenden Dämpfe werden in separaten Behältern aufgefangen, in denen sie zu reinem Alkohol kondensieren.

bekannt – eine so potente Flüssigkeit, dass sie Silber auflösen konnte. Albertus sagte, die daraus resultierende Flüssigkeit mache seine Haut schwarz. (Sie enthielt Silbernitrat, eine lichtempfindliche Chemikalie, die später für die ersten fotografischen Filme verwendet wurde.)

Materieller Vorstoß

Der Franziskaner und Philosoph Roger Bacon, war ein englischer Zeitgenosse von Albertus Magnus. Anfangs folgte er dem gleichen scholastischen Ansatz und war ein Verfechter von Magnus' Arbeit. Doch in den 1250er-Jahren änderte er seine Meinung und hinterfragte, warum die Autorität einer Theorie über empirischen Beweisen stehen sollte. Er drückte es so aus: „Als ob je ein Mann, der noch nie Feuer gesehen hatte, durch zufriedenstellende Argumente bewiesen hätte, dass Feuer brennt. Der Geist seines Zuhörers wäre niemals zufrieden, noch würde er das Feuer meiden, bis er seine Hand hineingelegt hätte, sodass er selbst durch den Versuch lernte, was das Argument lehrte." Damit wies Bacon den Alchemisten Europas die Richtung zu wissenschaftlicher Rigorosität, auch wenn der Weg dorthin noch weit war.

HEILIGER WISSENSCHAFTLER

Albertus, der Sohn eines bayerischen Adligen, bekam den Beinamen Magnus („der Große") in Anerkennung seines Beitrages zur Wissenschaft. (Albertus soll nur knapp 1,50 Meter und damit eigentlich sehr klein gewesen sein.) Er wurde 1260 zum Bischof ernannt und 1931 heilig gesprochen. Der heilige Albertus Magnus ist der Schutzpatron der Naturwissenschaftler.

Der Hl. Albertus Magnus in roter Bischofsrobe mit einem Buch von Aristoteles.

17 Der Lackmustest

IM MITTELALTERLICHEN EUROPA MARKIERTE DIE ERFORSCHUNG DER SÄUREN DIE GRENZE DER ALCHEMIE. Nicht einmal Gold widerstand diesen potenten Mitteln, und 1300 wurde ein neuer Test ihrer Stärke entdeckt.

Schwache organische Säuren, wie die in Essig und Zitrussäften enthaltenen, waren bereits seit Jahrtausenden bekannt. Doch im 13. Jahrhundert entdeckten die Alchemisten stärkere Säuren, die aus Mineralen gewonnen wurden. Von größtem Interesse waren dabei das Vitriolöl (Schwefelsäure), das Scheidewasser (Salpetersäure) und die Salzsäure (Chlorwasserstoffsäure). Eine Mischung der letzten beiden ergab Königssäure, oder *aqua regia*. Sie besaß die (für die damalige Zeit) magische Kraft, Gold zu lösen. Konnte sie der Schlüssel dazu sein, Gold aus alltäglichen Materialien zu gewinnen? 1300 schuf der katalanische Alchemist Arnaldus de Villa Nova eine Methode, die Präsenz und Stärke der Säuren zu testen. Er entdeckte, dass ein aus einer Flechte gewonnener violetter Farbstoff rot wurde, wenn man ihn in eine Säure gab – und dunkler wurde, je stärker die Säure war. Der gleiche Farbstoff wurde blau, wenn man ihn in eine alkalische Lösung gab. Daraus wurde Lackmus, der erste Säure-Base-Indikator.

18 Zauberei und Hexerei

IM MITTELLATER WAREN DIE MENSCHEN KRIEGEN, ELEND HUNGERSNÖTEN UND MEIST EINEM FRÜHEN PLÖTZLICHEN TOD AUSGESETZT. In dieser Zeit wendete sich die öffentliche Meinung gegen die Alchemisten.

Im Kern ging es der Alchemie darum, die bis dahin unangefochtenen Lehren des Aristoteles in die Praxis umzusetzen und einen Weg zu finden, die Elemente zu „transmutieren". Dahinter steckte aber auch der Wille, preiswerte „Basisstoffe" in kostbares Gold und Silber zu verwandeln. Die dahingehende Forschung dauerte fast 2000 Jahre an und war der direkte Vorfahre der modernen Chemie. Doch während des langen Überganges zwischen diesen beiden Ansätzen wurde die Arbeit der Alchemisten in Europa zunehmend skeptisch gesehen, ja sogar mit Angst und Feindseligkeit betrachtet.

Die Alchemisten sind damit beschäftigt, „aqua vitae" aufzufangen, das Lebenswasser, das alle Krankheiten heilen und sogar unsterblich machen konnte. Wahrscheinlich hatten diese alchemistischen Tränke einen hohen Alkoholgehalt, weshalb der Begriff noch heute für Spirituosen steht.

Wunderwerker

Bei Anbruch des 2. Jahrtausends dachten die meisten Alchemisten, dass der Schlüssel zum Erfolg darin läge, die von ihren arabischen Vorgängern *al iksir* genannte Substanz zu finden, die angeblich Basismetalle in Gold verwandelte. Diejenigen, die es für einen Feststoff hielten, begannen vom „Stein der Weisen" zu sprechen, während andere an eine Flüssigkeit dachten, die als „Elixier" bezeichnet wurde. Schwindler versprachen, kleine Vermögen in große zu verwandeln und verschafften den Alchemisten einen schlechten Ruf. Alchemisten behaupteten auch, dass der Wunderstein oder -geist (das Elixier war sehr wahrscheinlich flüchtiger Natur) seinen Besitzer nicht nur reich, sondern auch unsterblich und ewig jung machen könne. Daher sind uns die Begriffe Lebenselixier, *aqua vitae* (Lebenswasser) und Panazee (das nach der griechischen Göttin Panakeia benannte Allheilmittel) überliefert.

Das Leben im Mittelalter war kurz und brutal. Mitte des 14. Jahrhunderts erlag mindestens ein Drittel der Bevölkerung Europas der schwarzen Pest. Einige Alchemisten stellten ein Heilmittel in Aussicht – eine unerträgliche Versuchung für die Verzweifelten und Sterbenden. Einige der alchemistischen Tränke verschlimmerten aber das Leiden zweifelsohne, halfen meist nicht und der Ruf der

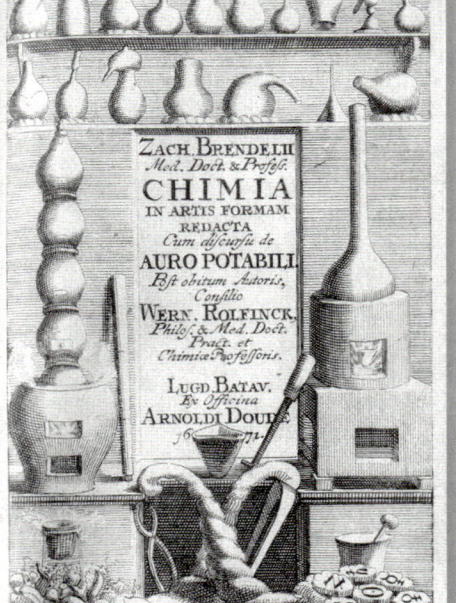

Die Werkstatt eines Alchemisten glich einem Labor voller Apparate. Unten rechts sind chemische Symbole erkennbar, die zu den modernen chemischen Abkürzungen wurden.

VERBOT DER ALCHEMIE

1404 verbot Heinrich IV. von England per Gesetz die Alchemie, bzw. die Vervielfachung von Gold und Silber. Das Gesetz sollte vor Schwindlern schützen und auch sicherstellen, dass niemand reich genug würde, um sich gegen ihn aufzulehnen. Seinem Enkel gelang es nicht, den Bürgerkrieg abzuwenden und so erteilte er zeitlich begrenzte Lizenzen an Alchemisten, vielleicht, um sich einen Vorteil zu verschaffen; doch die Alchemie blieb für 250 Jahre verboten.

Alchemisten war ruiniert. Die meisten Menschen kannten nicht die Kritik, die von Roger Bacon, Albertus Magnus und ihresgleichen an der Alchemie geübt wurde, doch der Klerus sagte ihnen, dass solche Praktiken gegen Gott seien. So wurden die okkulten Praktiken der Alchemie, die oft mit heidnischen Traditionen verschmolzen, nach und nach mit dem Teufel in Verbindung gebracht. Alchemisten wurden zu Hexenmeistern und Zauberern, die man fürchten, bloßstellen und zerstören musste.

19 Die Natur der Metalle

DIE ALCHEMIE WAR AUF ABERGLAUBE UND FUSCHEREI REDUZIERT; ES MUSSTE EIN PRAKTISCHER NEUANSATZ HER …
Ein deutscher Wissenschaftler stellte die Weichen dafür.

Die von der Alchemie verbreitete Botschaft des schnellen Reichtums gehörte der Geschichte an. Nun richtete sich das Augenmerk darauf, weitere nützliche Minerale zu finden, insbesondere Metalle. 1556 veröffentlichte Georgius Agricola, ein aus einer Bergbaustadt in der heutigen Tschechischen Republik stammender Gelehrter, ein 12-bändiges Handbuch der Metallkunde: *De re metallica*. Geboren als Georg Pawer bzw. Bauer, entschied er sich später für die Latinisierung seines Namens. Das Werk beschreibt, wie man Erze erkennt, wo man Lagerstätten findet und erklärt die neuesten Bergbau- und Verhüttungstechnologien des 16. Jahrhunderts. Agricolas Werk war nicht die einzige technologische Anleitung der Zeit, bewies sich aber als die bedeutendste. Noch 200 Jahre später wurden Kopien davon benutzt.

In „De re metallica" wird beschrieben, wie man mit Wasserrädern Energie für eine Mine erzeugt, um Aushub aus Schächten zu fördern oder Blasebälge in Schmelzanlagen zu betätigen.

20 Kartierung der Magnete

1543 HATTE NIKOLAUS KOPERNIKUS DIE ERDE IN DEN ORBIT DER SONNE GESTELLT UND DAS UNIVERSUM DES ARISTOTELES ZERSCHMETTERT. Wissenschaftler begannen, die Puzzlestücke zusammenzusetzen und ihre Theorien zu beweisen. William Gilbert richtete seine Aufmerksamkeit auf die Erde selbst.

Der vollständige Titel von Gilberts 1600 erschienenem Werk lautete „De Magnete Magneticisque Corporibus, et de Magno Magnete Tellure" (Über den Magneten, Magnetische Körper und den großen Magneten Erde). Es enthielt Illustrationen seiner Experimente mit einer magnetischen „Terrella", einem Modell der Erde.

Wie viele der Personen, die zur Geschichte der Elemente beigetragen haben, war auch der englische Wissenschaftler William Gilbert auf vielen Gebieten tätig. Er war Physiker, Astronom und Hofarzt von Königin Elisabeth I. und gilt bis heute als Wegbereiter der Elektrizitätslehre. Das Wort selbst soll von ihm stammen, als Referenz für jedes Phänomen, das dem Anziehungsverhalten von Bernstein (griechisch *elektron*) glich.

Über Magnete

Das wichtigste Werk Gilberts war jedoch das 1600 veröffentlichte *De Magnete (Über den Magneten)*. Er deckt darin auf, dass unser gesamter Planet ein Magnet ist. Genau wie die gegenüber-

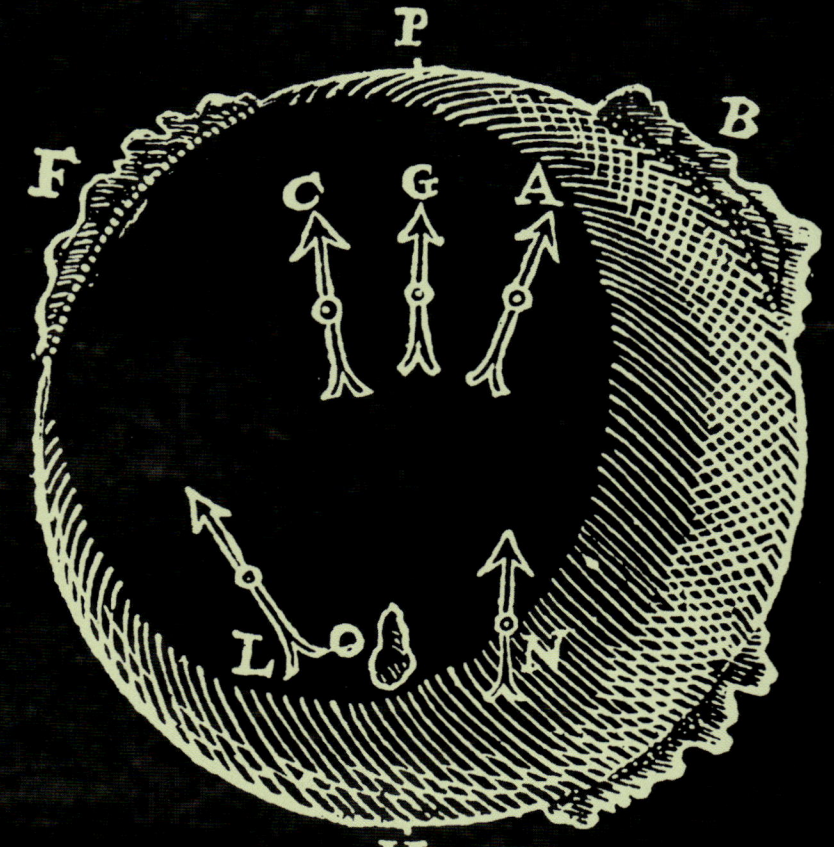

zu den Polen gezogen und zeigen damit Norden und Süden an. Gilbert bewies dies mit einer „Terrella", einem Miniaturmodell der Welt aus Magneteisenstein. Ein auf die Oberfläche der Terrella platzierter Kompass verhielt sich genauso wie auf der Erdoberfläche selbst. Gilbert stellte als Erster die (korrekte) Annahme auf, dass unter der felsigen Oberfläche der Erde viel magnetisches Eisen vorhanden sein muss. Mit seiner Arbeit über die Kraft des Magnetismus begann die Forschung nach den Kräfte, die die Elemente zusammenhielten.

21 Francis Bacons neue Methode

KRONANWALT

In Großbritannien und den Commonwealth Ländern werden die höchsten Anwälte zum Kronanwalt berufen. Francis Bacon wurde 1597 zum ersten Queen's Counsel (QC)aller Zeiten berufen, wahrscheinlich als Ersatz dafür, dass er nicht in das mächtigere Amt des Master of Rolls (oberster Richter) befördert worden war.

ALS DIE NATURPHILOSOPHEN (DIE KEINE NATURWISSENSCHAFTLER WAREN) BEGANNEN, SICH DER BEWEISFÜHRUNG ZU BEDIENEN, UM DEN DEN KOSMOS ZU VERSTEHEN, war es ein englischer Anwalt, der einen neuen Weg vorschlug.

Francis Bacon war eher ein Mann der Ideen als ein praktischer Forscher. Auf seinem Werdegang war er Anwalt, Politiker und Berater für Elisabeth I. und König Jakob I. Später fiel er in Ungnade und wurde 1621 der Korruption angeklagt, wofür er einige Zeit im Tower von London saß. Er verbrachte seine letzten Lebensjahre verborgen vor den Augen der Öffentlichkeit. Nach seinem Tode wurde gemunkelt, er sei der Liebhaber des Königs gewesen.

Heute erinnern wir uns wegen seines unermesslichen Beitrags zur Wissenschaft an Bacon. 1620 veröffentlichte er das Werk *Novum Organum*, in dem er ein System der Logik beschrieb, das seiner Behauptung nach effektiver als das von Aristoteles war. Seine Methode begann mit der Reduzierung eines Problems, um es in den einfachsten Worten zu beschreiben. Danach schlug er vor, die von Aristoteles und anderen Philosophen eingeführte deduktive Logik des Syllogismus abzulegen, nach der man durch die Kombination zweier Prämissen zur Wahrheit gelangt. Zum Beispiel: 1. Alle Menschen sterben, 2. Francis Bacon war ein Mensch, deshalb starb er. Die Deduktion funktioniert, solange die Prämissen korrekt sind. Doch schon ein Irrtum führt zu einer Flut von weiteren Fehlern. Bacon schlug vor, sich stattdessen der induktiven Logik zu bedienen. Dabei wird eine Erklärung für ein beobachtetes Phänomen vorgeschlagen. Im Gegensatz zur Deduktion wird der Vorschlag nicht automatisch als richtig angenommen, sondern muss sich durch ein Experiment als richtig oder falsch erweisen. Bacons Arbeit hatte enormen Einfluss auf den sich verstärkenden Ruf nach einer wissenschaftlichen Revolution, die folgen sollte.

Francis Bacons Buch „Novum Organum" (Ein neues Instrument) erhielt seinen Titel in Anlehnung an Aristoteles' Buch der Logik „Organon" (Das Instrument)

22 Robert Boyle: *Der skeptische Chemiker*

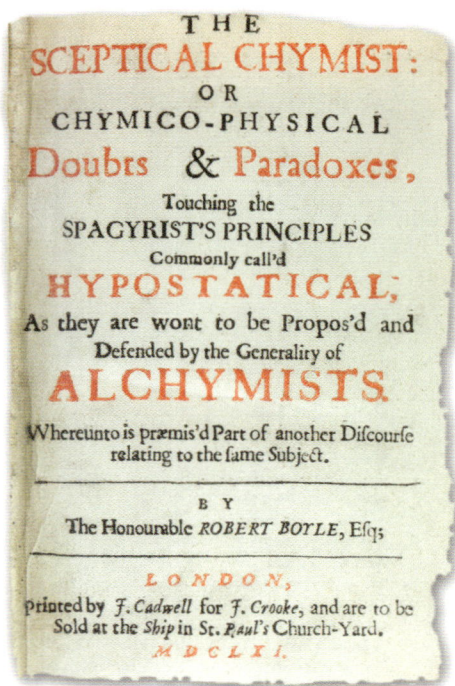

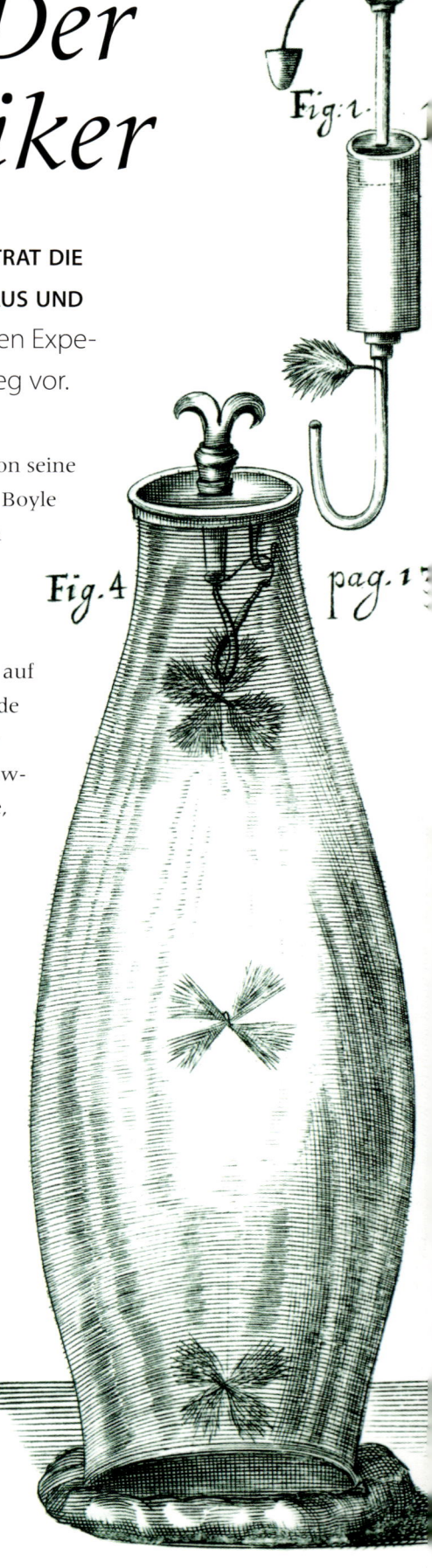

DANK NEUER WISSENSCHAFTLICHER METHODEN TRAT DIE CHEMIE AUS DEM SCHATTEN DER ALCHEMIE HERAUS UND WURDE ENDLICH ERWACHSEN. Die systematischen Experimente über die Natur der Luft gaben den Weg vor.

Robert Boyle wurde in dem Jahr geboren, in dem Bacon seine Arbeit über die wissenschaftliche Methode herausgab. Boyle wurde zum besten Exponenten dessen, was mit einem systematischen Ansatz für die chemische Forschung erreicht werden konnte. Sein eigenes, 1661 veröffentlichtes Buch, *The Sceptical Chymist* verbannte den Hokuspokus und Aberglauben der Alchemie und wies auf die Widersprüche und Irrtümer hin, die das herrschende Denken verunreinigten. Seine Arbeiten und die seiner Zeitgenossen, Denis Papin, Robert Hooke und Isaac Newton, trugen viel dazu bei, die Alchemie durch das neue, „Chemie" genannte Fach zu ersetzen, das sich streng wissenschaftlichen Untersuchungen der natürlichen Substanzen widmete.

Obwohl Boyle überzeugt war, dass die Natur aus mehr als nur den vier klassischen Elementen bestehen müsse, glaubte er noch an die Transmutation der Materie und hörte nie auf, nach einem Weg zu suchen, Gold aus Eisen herzustellen. Dennoch bestritt er, dass die Transmutation von paranormalen Einflüssen abhänge und trat vehement dafür ein, dass sie wie andere Phänomene am besten wissenschaftlich zu untersuchen sei. (250 Jahre später entdeckte man, dass Transmutation durch Radioaktivität möglich ist, wenn auch nicht so, wie Boyle sich das erhofft hätte.)

Die Titelseite des Werks „The Sceptical Chymist: or Chymico-Physical Doubts & Paradoxes" (1661) von Robert Boyle.

Luftpumpen-Experimente

Robert Boyle war der Sohn eines britisch-irischen Grafen, der ihm als Kind und jungem Mann die bestmögliche Ausbildung angedeihen ließ. Doch der englische Bürgerkrieg machte seiner royalistischen Familie in den 1640er-Jahren das Leben schwer. Er blieb dennoch wohlhabend und konnte sich in London ein Labor einrichten. Boyle stellte Robert Hooke als seinen Assistenten ein und beauftragte ihn damit, eine Pumpe nachzubauen, die der Deutsche Otto von Guericke kurz zuvor erfunden hatte und mit der man Luft aus einem Gefäß entfernen und ein Vakuum

Plate the VII.

Fig.3   pag.139

Auf den Zeichnungen von Boyles Experimenten mit Luft und Vakuum sind die Glasbehälter zu sehen, die extra für diesen Zweck angefertigt wurden. Auf der linken Zeichnung sieht man Federn, die im Vakuum fallen.

Fig.2   pag.132.

erzeugen konnte. (Der junge Hooke sollte eine lange wissenschaftliche Karriere machen und biologische Zellen entdecken. Er ist auch durch das Hookesche Gesetz über das elastische Verhalten von Festkörpern bekannt geworden.) Wie für die meisten Wissenschaftler des 17. Jahrhunderts war auch für Boyle die Luft eine einzelne Substanz und keine Mischung von gasförmigen Stoffen. Seine frühen Experimente zeigten, dass der Schall sich ohne Luft nicht übertrug, Flammen ohne sie nicht brannten und Tiere und Pflanzen in Abwesenheit von Luft nicht überlebten. Die Experimente mit der Pumpe führten auch zu der Entdeckung, für die Boyle noch heute bekannt ist: das Boylesche (auch: Boyle-Mariottsche) Gesetz. Es besagt, dass der Druck eines Gases umgekehrt proportional zu seinem Volumen ist. Wenn eine gewisse Gasmenge in ein kleineres Volumen gepresst wird, steigt ihr Druck. Das mag wie eine intuitive Tatsache erscheinen, war aber als ein Gesetz, das das Verhalten von Gasen beschreibt, der Grundstein der Atomtheorie.

Robert Boyle (rechts) mit seinem französischen Assistenten Denis Papin. Links von den beiden steht eine ihrer berühmten sphärischen Luftpumpen.

Die Natur der Luft

Robert Boyle vertrat die Meinung, dass die Luft aus kleinen Körpern oder Einheiten bestand, die sich in alle Richtungen bewegten, voneinander abprallten und sich weiter bewegten, bis sie auf die Wand des Behälters prallten. Jede Substanz, die sich so verhielt, war als Luft bekannt. (Das Wort Gas war noch nicht allgemein gebräuchlich.) Dennoch stellt Boyle verschiedene Charakteristiken fest. So fing zum Beispiel die „Luft", die auf in Mineralsäure gelegten Metallen Blasen bildete, Feuer, wenn man eine Kerze hineinhielt. Offensichtlich setzte eine Kerze aber nicht generell die Luft in Brand, und so führte man das unterschiedliche Verhalten auf die Reinheit der Proben zurück. Raumluft wurde für kontaminierte Luft gehalten, während die vom Metall freigesetzte Luft nur rein sein konnte. (Es handelte sich um Wasserstoff.)

Zu jener Zeit galt schlechte Luft als Verursacher von Krankheiten und Boyle war ein kränklicher Mensch. Seine Angewohnheit, alle Substanzen, die er untersuchte, auch zu probieren, ist aber wohl ein überzeugenderer Grund für seine häufige Krankheit.

DAS GEHEIME COLLEGE

Robert Boyle war die führende Figur einer Gruppe von Wissenschaftlern, die ihre Arbeiten diskutierten und zusammenarbeiteten. Während jedoch spätere wisssenschaftliche Gesellschaften ihr Wissen verbreiteten, scheint Boyles Gruppe eher geheimnisvoll getan zu haben – eine noch nicht abgelegte Angewohnheit der Alchemisten.

23 Phosphor, der Lichtspender

IM 17. JAHRHUNDERT WAR DIE GRUNDIDEE EINES ELEMENTS NOCH FAST DIE GLEICHE WIE BEI DEN ALTEN GRIECHEN. Dann jedoch machte einer der letzten Alchemisten eine überraschende Entdeckung.

Die moderne Chemie hat gezeigt, dass es etwa 90 natürlich vorkommende Elemente auf der Erde gibt. Für die bekanntesten unter ihnen gibt es keinen namentlich bekannten Entdecker. Das änderte sich mit Hennig Brand, einem Glasmacher, Händler und Alchemisten aus Hamburg: 1669 entdeckte er den Phosphor und wurde zum ersten namentlich bekannten Entdecker eines neuen Elements.

Zauberleuchten

Natürlich hatte Brand keine Ahnung, dass er das gerade getan hatte. Vorgänger wie Paracelsus im 16. Jahrhundert hatten die Idee verfochten, dass Schwefel, Quecksilber und Salz primäre Substanzen seien, die eine einflussreiche Rolle bei der Bildung von Materialien spielten, ohne jedoch Elemente wie Erde, Feuer, Wasser und Luft zu sein. Robert Boyle verwarf die Theorie des Paracelsus, aber auch er meinte, dass es mehr als vier Elemente geben musste – die Wissenschaft würde sie mit der Zeit nachweisen. Über Leben und Werdegang des Hennig Brand ist wenig bekannt, deshalb wissen wir nicht, ob er sich in die wichtigen Diskussionen seiner Zeit einbrachte. Was auch immer seine Lehre war, es fällt schwer, sich vorzustellen, was einem Mann durch den Kopf geht, der stunden- vielleicht tagelang einen Bottich voll Urin kocht, nur um herauszufinden, dass die

Das Leuchten in Brands Reagenzglas entstand, als der Phosphor mit dem Sauerstoff der Luft reagierte. Robert Boyle fand heraus, dass das Leuchten langsam verschwand, wenn man den Phosphor in einem Reagenzglas versiegelte (weil der Sauerstoff bald verbraucht war).

verbleibende Ablagerung im Dunkeln zu leuchten beginnt.
Er muss gehofft haben, dass seine Suche nach dem „Stein der
Weisen" mit dieser weißen leuchtenden Zaubersubstanz ein
Ende hatte. Er nannte sie *phosphorus mirabilis*.

Rezept für ein Element

Brand veröffentlichte sein Rezept für seine wunderhafte
Entdeckung. Er soll mehr als 1000 Liter Urin verwendet
haben, um weniger als 100 Gramm Phosphor herzustellen.
Er ließ den Urin zunächst gären, bis er ausreichend wider-
wärtig stank. Dann kochte er ihn zu einer Paste ein, destillierte daraus ein rotes Öl und reduzierte den Rest zu einem
porösen schwarzen Material und einem weißen Salz. Er warf
das Salz weg, kombinierte Öl und poröses Material erneut
und erhitzte beides 16 Stunden lang. Er leitete die Dämpfe
durch Wasser; vielleicht hoffte er, Gold zu sehen. Stattdessen
erhielt er Phosphor. (Urin hat einen natürlich hohen Anteil
an Phosphaten, Verbindungen von Phosphor und Sauerstoff.) Moderne Analysen zeigen, dass er das weiße Salz hätte
benutzen können, um viel mehr Phosphor zu erhalten – und
es gab auch keinen Grund, den Urin erst schlecht werden zu
lassen, frische Zutaten wären auch geeignet gewesen.

PHOSPHOROS UND HESPEROS

Die alten Griechen gaben dem Morgenstern, der die
Dämmerung brachte, ursprünglich den Namen Phos-
phoros. Der Abendstern war sein Bruder Hesperos, ihrer
Meinung nach eine vollkommen unabhängiger Stern.
Mittlerweile haben wir beide Sterne als ein und densel-
ben Planeten Venus identifiziert, der so hell am Himmel
leuchtet, aber ein höllischer Hexenkessel aus saurem Regen, metallenem Schnee und Backofentemperaturen ist.

24 Metallvermehrung

**ALS ROBERT BOYLE DAS BRITISCHE PARLAMENT 1689 ERMUTIGTE, DEN ÜBER DIE
ALCHEMIE VERHÄNGTEN BANN AUFZUHEBEN, WAR ISAAC NEWTON MISSTRAUISCH.**
Er befürchtete, dass sein alter Freund kurz davor war, Gold herzustellen.

Nach der beinahe unblutigen Glorious Revolution bestiegen die Tochter von Jakob II., Maria
II., und ihr Mann Wilhelm III. von Oranien, ein holländischer Adliger, den britischen Thron.
Ein Jahr später wurde 1689 der Mines Royal Act vom britischen Parlament verabschiedet.
Damit hatten nicht nur die über die Alchemie – von der Newton so fasziniert war – verhäng-
ten Kontrollen ein Ende, sondern auch das königliche Monopol über die Minen. Jedem war
es nun möglich, Metalle abzubauen. (Wenn jedoch jemand Gold oder Silber fand, holten die
Gesandten des Königs es ab.) Aufgrund dessen boomte die Metallindustrie, insbesondere die
Eisen- und Messingverarbeitung, und trieb die technologische Entwicklung voran, die nur
wenige Jahrzehnte später die Industrielle Revolution hervorbringen sollte.

Letztendlich war Newtons Eifersucht auf Boyle fehl am Platz (nicht zum ersten Mal). Dennoch gab Boyle dem Philosophen John Locke zufolge Newton vor seinem Tod eine mysteriöse
rote Erde, die Quecksilber in Gold verwandeln könne. Ob sie das tat, ist nicht überliefert.

25 Der Brand von London

1660 WURDE DIE ROYAL SOCIETY IN LONDON ALS ERSTE OFFIZIELLE GELEHRTENGESELL-SCHAFT ZUR WISSENSCHAFTSPFLEGE GEGRÜNDET. Ironischerweise konnte keines ihrer Mitglieder sechs Jahre später, als London niederbrannte und die Flammen nur knapp die Sitzungsräume·der Gesellschaft verschonten, erklären, was Feuer denn eigentlich war.

Nach klassischer Ansicht galt Feuer als eine Substanz, die nur sichtbar war, wenn sie aus einer Mischung freigesetzt wurde. Paracelsus entwickelte diese Vorstellung weiter und sagte, der Grund dafür, dass einige Dinge brannten – wie die Holzhäuser in London – sei, dass sie Schwefel enthielten. Die Luft sei daran nicht beteiligt, sie sei lediglich das Medium, durch welches Hitze und Flammen gehen konnten, Wasser blockiere aber das Feuer meist.

1666 begann der große Brand von London in einer Bäckerei. Robert Hooke, Sekretär der Royal Society, baute dort, wo das Feuer in der Pudding Lane ausbrach, ein Denkmal. Es war ein Pfeiler, der auch als Teleskop diente.

Metallarbeiter hatten diese Theorie aber schon lange infrage gestellt. Wenn Feuer etwas sein sollte, das freigesetzt wurde, warum wurde dann Metall schwerer, wenn es auf hohe Temperaturen erhitzt wurde? (Heute wissen wir, dass Sauerstoff mit Metall reagiert und sein Gesamtgewicht erhöht.) Der deutsche Arzt Johann Joachim Becher bot eine Antwort darauf an. Im Jahr nach dem Brand von London schlug er vor, dass eine Substanz namens Phlogiston (von griechisch *phlogistós*, verbrannt) während der Verbrennung freigesetzt würde. Als man ihn auf die Gewichtserhöhung bei Metallen ansprach, bot er eine unglaubliche Lösung an: Phlogiston wiege weniger als Nichts und deshalb würden Objekte schwerer, wenn es aus ihnen freigesetzt würde!

26 Temperaturmessung

WISSENSCHAFT BENÖTIGT PRÄZISION, DAS HEISST, MAN MUSSTE DAS FEUER, DAS HITZE PRODUZIERTE, MESSEN. Zu Beginn des 18. Jahrhunderts entwickelte sich rasant die Thermometer-Technologie – man benötigte nur ein paar Einheiten.

Niemand weiß genau, wer das Thermometer erfand. Es funktioniert entsprechend des Prinzips, dass Flüssigkeiten sich ausdehnen, wenn sie erhitzt werden und sich zusammenziehen, wenn sie erkalten. Diese Tatsache war bereits Heron von Alexandria im 1. Jahrhundert n. Chr. bekannt, doch die ersten funktionierenden Thermometer (mit Wasser) tauchten erst im frühen 17. Jahrhundert auf. Die Maße, mit denen auf einem Thermometer Temperaturen gemessen und verglichen wurden, waren vollkommen willkürlich festgelegt. Erst 1724 entwickelte Daniel Gabriel Fahrenheit eine praktikable Messskala.

Fahrenheit war ein Glasbläser, der Alkohol- und QuecksilberThermometer erfand. Die Temperaturskalen wurden zwischen einem hohen und einem niedrigen Punkt festgelegt, die beide konstant und leicht zu erreichen waren, damit neue Thermometer kalibriert werden konnten. Fahrenheit wählte die auf 96°F festgelegte menschliche Körpertemperatur als oberen Punkt und als den niedrigen Punkt von 0°F eine Mischung aus Eis, Wasser und Ammoniumchlorid, die immer auf der gleichen Temperatur stabil bleibt. 1742 entwickelte Anders Celsius eine einfachere Skala auf der Basis des Schmelz- und Gefrierpunktes von Wasser. Diese Skala mit der Celsius-Gradeinteilung wird noch heute in den meisten Teilen der Welt verwendet.

QUECKSILBER-THERMOMETER

Fahrenheit verwendete eine Skala, die einer von Newton vorgeschlagenen sehr nahekam. Ihr Erfolg liegt jedoch in dem von Fahrenheit für das Thermometer verwendeten Quecksilber. Quecksilber dehnt sich in kleinen Mengen aus, deswegen musste das Messgerät nicht riesig sein. Quecksilber dehnt sich sehr gleichmäßig aus und zwar immer proportional zur Erhöhung der Temperatur. (Die Ausdehnungsrate anderer Flüssigkeiten variiert bei unterschiedlichen Temperaturen.) Das Quecksilberthermometer blieb bis zur Erfindung digitaler Messgeräte das akkurateste Thermometer.

27 Elektrizität

IM 18. JAHRHUNDERT WAR DIE ERFORSCHUNG DER ELEKTRIZITÄT IN EINE SACK-GASSE GERATEN. Einfache Generatoren konnten Funken erzeugen, aber die mysteriöse „elektrische Flüssigkeit" kontte nicht gespeichert werden.

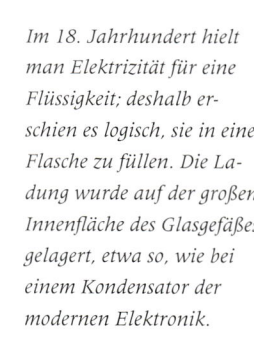

Otto von Guericke hatte bereits 1649 die Vakuumpumpe erfunden, die Robert Boyle bei seiner weiteren Erforschung der Luft hilfreich war. 1663 stellte von Guericke dann einen elektrostatischen Generator aus einem Schwefelball her, der auf einem hölzernen Griff rotierte. Wenn man den Ball von Hand drehte, als ob man ein Stück Bernstein rieb, dann zog er Objekte an und sprühte kleine Funken. Diese und spätere „Reibungselektrisiermaschinen" – ab Mitte des 17. Jahrhunderts verwendete man Glas anstelle von Schwefel – waren eher Spielzeuge. Ein verbreiteter Party-Trick war in den 1740er-Jahren der „elektrische Kuss", bei dem eine Person auf einem Stuhl stand (der sie vom Boden isolierte) und durch den Generator aufgeladen wurde. Ein leichter Kuss eines anderen reichte, um die statische Aufladung zu entladen, sodass es bei dem Paar funkte ...

1745 kleidete der preußische Naturwissenschaftler Ewald Georg von Kleist ein Gefäß von innen und außen mit Silberfolie aus; beide Folien berührten sich dabei zunächst nicht. Er verband die innere Schicht mit einem Generator, während die äußere geerdet war. Innen baute sich Elektrizität auf, die sich entlud, wenn sich beide Folien berührten – der erste elektrische Kondensator (die Kleistsche Flasche) war erfunden. Ein ähnliches Gerät, von Pieter van Musschenbroek gebaut, wurde im darauffolgenden Jahr an der Universität Leiden in den Niederlanden vorgeführt und deshalb als die Leidener Flasche bekannt. 60 Jahre lang blieben die Leidener Flaschen die Hauptquelle der Elektrizität.

Im 18. Jahrhundert hielt man Elektrizität für eine Flüssigkeit; deshalb erschien es logisch, sie in eine Flasche zu füllen. Die Ladung wurde auf der großen Innenfläche des Glasgefäßes gelagert, etwa so, wie bei einem Kondensator der modernen Elektronik.

EINE FLÜSSIGE THEORIE

Man hatte bemerkt, dass sich einige aufgeladene Objekte abstießen. Zum Beispiel stieß Bernstein Glas ab; deshalb nahm man an, dass diese Materialien zwei unterschiedliche Arten elektrischer Flüssigkeit enthielten. Benjamin Franklin vermutete, dass eines Flüssigkeit verlieren und das andere sie aufnehmen müsse und führte damit das Konzept der positiven und negativen Ladung ein. Wir verdanken Franklin auch das Wort Batterie, das er verwendete, um einen Satz von Leidener Flaschen zu beschreiben.

Benjamin Franklin bei seinem Drachenexperiment 1752, bei dem er während eines Gewitters die Elektrizität eines Blitzes „einfangen" wollte – so entdeckte er den Blitzableiter.

28 Fixe Luft

AUF DER SUCHE NACH EINEM HEILMITTEL GEGEN NIERENSTEINE FAND EIN SCHOTTISCHER ARZT EINE NEUE FORM VON LUFT. Er nannte das Gas „fixe (oder: fixierte) Luft", doch wir kennen es besser unter dem Namen Kohlendioxid.

In den 1750er-Jahren stellte Joseph Black Forschungen für seine Doktorarbeit am Ende des Medizinstudiums an, als er das Kohlendioxid entdeckte. Er interessierte sich für Chemie und begann, ein Minerallösemittel zu suchen, dass Nieren- und Gallensteine im Körper auflösen konnte, um die schmerzhafte Prozedur des Ausscheidens zu vermeiden. Er wusste, dass eine Lösung mit ungelöschtem Kalk helfen würde, doch diese zu schlucken würde mehr Schaden anrichten als helfen.

Fixe Luft freilassen

Deshalb richtete er seine Aufmerksamkeit auf das weniger potente *Magnesia alba,* damals als mildes Alkali beschrieben (heute als Magnesiumcarbonat bekannt). Es hatte keine Wirkung auf Nierensteine (obwohl Black seine abführenden und säurehemmenden Eigenschaften in seinen Aufzeichnungen vermerkte), doch der junge Schotte war von den „Luft-"Blasen fasziniert, die das weiße Puder hervorbrachte, wenn es mit Säure behandelt wurde. (Bei der Reaktion von Säure und Carbonat entsteht immer Kohlendioxid.) Er erhitzte das *Magnesia alba* und sah, dass die entstandenen Kristalle noch wie zuvor aussahen, aber in Säure keine Blasen mehr entwickelten. Er nahm an, dass die in ihnen „fixierte" Luft durch die Hitze freigesetzt worden war. (Das Carbonat hatte sich zu Oxid und Kohlendioxidgas zersetzt.)

Black war nicht in der Lage, durch Erhitzung freigesetzte Luft zu sammeln und wog deshalb Magnesiapulver und Säure ab, bevor er sie mischte und verglich die Maße mit ihrem Gesamtgewicht, nachdem die „fixe Luft" freigesetzt worden war. Sie hatten an Gewicht verloren.

Black wusste, dass andere milde Alkali, wie Kalkstein (Calciumcarbonat), ebenfalls eine fixe Luft freisetzten. Er zeigte, dass dies die gleichen Substanzen waren – beide machten Kalkwasser, eine Calciumhydroxidlösung, trüb. (Das Kohlendioxid formte winzige Partikel von festem Calciumcarbonat.) Die durch Verbrennung, Ausatmung und Fermentierung freigesetzte Luft tat das auch. Black bewies als erster, dass eine Substanz aus verschiedenen Quellen heraus produziert werden konnte.

WILDER GEIST

Die ersten überlieferten Aufzeichnungen über Kohlendioxid stammen von dem Flamen Johan Baptista van Helmont (auf der Abbildung erhält er Vorräte von einem Alchemisten). Er stellte fest, dass die nach dem Verbrennen von Holzkohle verbleibende Asche viel weniger wog als der ursprüngliche Brennstoff. Er fing die freigesetzte „Luft" ein und nannte sie „spiritis sylvestris" (wilder Geist). Van Helmont formte auch den Begriff Gas, den er wahrscheinlich vom „Chaos" ableitete.

29 Latente Wärme

JOSEPH BLACKS ERKENNTNIS DER FIXEN LUFT WIRD HEUTE VON SEINER FORSCHUNG ÜBER DIE WÄRME IN DEN SCHATTEN GESTELLT, die die Basis für die Wissenschaft der Thermodynamik schuf – er gilt als Entdecker der Wärmekapazität.

Obwohl Black weiterhin als Arzt tätig war, interessierte er sich in seiner späteren Laufbahn für die Auswirkungen von Wärme (und Kälte) auf die Substanzen. Er untersuchte, wie Wasser sich in Eis und Dampf verwandelte.

Versteckte Wärme

Es war wohl bekannt, dass Wärmezufuhr das Eis schmelzen ließ und Wasser zum Kochen brachte, doch Black bemerkte, dass die Erhitzung des Eises, während es schmilzt, seine Temperatur nicht erhöht, sondern mehr Wasser erzeugt. Ebenso erhöht sich die Temperatur kochenden Wassers nicht, auch wenn es ohne Unterlass erhitzt wird. Das Wasser wird vielmehr zu Dampf mit derselben Temperatur.

Black schloss daraus, dass die Wärmeenergie dafür sorgte, den Feststoff in eine Flüssigkeit und diese wiederum in einen gasförmigen Stoff zu verwandeln, anstatt ihn einfach nur wärmer zu machen. Sobald die Substanz ihren Zustand komplett verändert hat, das Eis zum Beispiel komplett geschmolzen ist, führt weitere Wärmezufuhr wieder zu einem Anstieg der Temperatur. Er nannte dieses Phänomen latente Wärme. Die latente Wärme des Schmelzens wird benötigt, um eine Substanz zu schmelzen, während die latente Wärme des Verdampfens mit der Verdunstung beschäftigt ist. Obwohl Black es so nicht verstand, ist der Prozess auch umgekehrt identisch. Eis schmilzt, wenn man ihm latente Wärme zuführt. Wenn es gefriert, verliert es die gleiche Menge latenter Wärme. Deshalb gibt Wasser am Gefrierpunkt Wärme ab während es sich zu Eis formt, was die Temperatur konstant hält.

Joseph Black studierte an den Universitäten von Glasgow und Edinburgh und war Professor für Medizin und Chemie an der Universität von Edinburgh. Beide schottischen Universitäten haben ihre Chemie-Institute nach ihm benannt.

WARUM EISBERGE SCHWIMMEN

Wasser ist ein außergewöhnlicher Stoff. Eine seiner merkwürdigen Eigenschaften ist die Tatsache, dass Eis weniger dicht ist als Wasser. Fast alles andere wird dichter, wenn es gefriert. Wenn aber Wasser zu Eis wird, verteilen sich die Moleküle nach einem geordneten Muster, damit sie sich binden können. Das bedeutet, dass Eis auf dem Wasser treibt und Wasser von oben nach unten gefriert. Wenn Eis im Wasser versinken würde, wäre der größte Teil des Meeresbodens permanent gefroren und die Natur der Erde sähe erheblich anders aus.

Wärmekapazität

Black bemerkte auch, dass einige Substanzen, vornehmlich Flüssigkeiten, sich langsamer erwärmten als andere, obgleich sie auf die gleiche Art erhitzt wurden. Er nannte dieses Phänomen die Wärmekapazität und bemerkte auch, dass Wasser im Vergleich zu anderen Flüssigkeiten wie Alkohol eine hohe Wärmekapazität hatte. James Watt war ein Landsmann und Freund von Black. Er nutzte die Erkenntnis der Wärmekapazität, um die Effizienz von Dampfmaschinen erheblich zu steigern. Dafür trennte er vor allem die Koch- und Kondensationsprozesse. Bei früheren Entwürfen wurde oft Zeit und Wärme verschwendet, weil das Wasser oft wieder erhitzt wurde.

30 Wasserstoff: brennbare Luft

WASSERSTOFF IST DAS GEWÖHNLICHSTE ELEMENT DES UNIVERSUMS, WAR ABER BIS 1766 UNBEKANNT. Dann fand Henry Cavendish heraus, dass eine brennbare Luft in Blasen entwich, wenn Säure mit Eisen reagierte.

Zu den ersten Experimenten im Chemieunterricht gehört es, ein Stück Metall in eine Säure zu legen und zu beobachten, was passiert. Das Ergebnis ist ein zufriedenstellendes Entweichen von Gas, von dem ein Teil mit einem typischen Quietschen verbrennt – der Wasserstoff. Heute reicht die Aussage, dass Säuren und Metalle miteinander reagieren und Wasserstoff produzieren, doch für die ersten Chemiker war das nicht so offensichtlich. Von den Metallen, die sie zur Verfügung hatten – Kupfer, Silber und Eisen – reagiert nur letzteres so.

In den 1660er-Jahren hatte Robert Boyle herausgefunden, dass die von Eisenspänen in Säure produzierte Luft leicht brannte, doch es sollte ein weiteres Jahrhundert dauern, bis Cavendish realisierte, dass diese Luft eine gesonderte Substanz war. Er nannte sie „brennbare Luft" und hielt diese leichtgewichtige Substanz für das „Phlogiston", das man zu dieser Zeit für die Ursache des Feuers selbst hielt.

Henry Cavendish war der Sohn eines Lords, der selbst ein führender Wissenschaftler gewesen war. Henry konnte schon als Junge im Hause seines Vaters ein Labor einrichten. Er besaß die nötigen Geräte zum Auffangen von Wasserstoff, erhitzte Metallspäne in Säure und leitete das gewonnene Gas in ein umgekehrtes Gefäß, das im Wasserbad stand.

LEICHTER ALS LUFT

Wasserstoff ist das leichteste Gas und wiegt 16 Mal weniger als Sauerstoff. Weniger als 20 Jahre nachdem Cavendish das Gas isoliert hatte, wurden die ersten Wasserstoffballons angefertigt. Die Hoffnungen, damit ein neues Transportmittel entwickelt zu haben, wurden jäh unichte gemacht, als das bis dahin größte Luftschiff Hindenburg 1937 in New Jersey in Flammen aufging. Wasserstoff ist zwar das leichteste, aber auch das entflammbarste aller Gase.

31 Stickstoff

DER PHLOGISTON-THEORIE ZUFOLGE ABSORBIERT DIE VERBRENNUNGSFÖRDERNDE LUFT AUS DER ENTFLAMMTEN SUBSTANZ EIN MYSTERIÖSES MATERIAL, DAS PHLOGISTON. Daniel Rutherford untersuchte die von Black entdeckte „fixe Luft" bei der Verbrennung und entdeckte dabei ein ganz neues Gas – den Stickstoff.

Im 18. Jahrhundert war es eine gängige Annahme, dass das Leben durch Einatmen „guter" Luft erhalten wurde, die sich dann irgendwie in „schlechte" Luft verwandelte, die man ausatmete. Rutherford schloss richtig, dass die „fixe" Luft von Joseph Black (Kohlendioxid) die schlechte Komponente dabei war. Black hatte wirklich gezeigt, dass Lebewesen fixe Luft ausatmeten und Flammen herauskamen. Rutherford begann 1772 seine Untersuchungen damit, eine Probe fixer Luft vorzubereiten, indem er eine Maus in einem Glasbehälter hielt. Dann stellte er eine brennende Kerze mit hinein, um auch die verbleibende gute Luft zu verbrauchen. Anschließend beförderte er die fixe Luft heraus, wie Black es gezeigt hatte, indem er die Luftblasen durch Kalkwasser leitete. Dadurch sollte seiner Theorie nach die schlechte Luft wieder zu „guter" Luft werden, doch er sah, dass die Flammen im verbleibenden Gas noch immer erstarben. Zur Erklärung bediente er sich der Phlogiston-Theorie und nannte seine Probe „phlogistierte Luft". Das bedeutete, dass sie mit Phlogiston gesättigt war und keine weitere Verbrennung fördern konnte. Er hatte den Hauptbestandteil der Luft entdeckt, ein inaktives Gas, das wir heute Stickstoff nennen.

32 Joseph Priestleys Lüfte

DIE WISSENSCHAFTLER, DIE GASE ODER „LÜFTE" ERFORSCHTEN, NANNTE MAN PNEUMATISCHE CHEMIKER. DER PRIESTER UND CHEMIKER JOSEPH PRIESTLEY WAR EINER VON IHNEN UND ENTDECKTE DEN SAUERSTOFF. Seine politischen und religiösen Überzeugungen sorgten aber dafür, dass er aus seinem Geburtsland vertrieben wurde.

Joseph Priestley fühlte sich zum presbyterianischen Geistlichen berufen. Er war zwar kein großer Redner, äußerte sich aber gerne lautstark, auch um für die Unabhängigkeit der amerikanischen Kolonien zu argumentieren, die kurz vor der Revolution standen. Priestley sprach unverblümt und war kein beliebter Kirchenmann. Er zog oft um, immer auf der Suche nach neuen Gemeinden, und entwickelte dabei die experimentelle Chemie als Hobby weiter.

Joseph Priestleys Arbeit hatte andauernden Einfluss. Er fand heraus, dass das feste Polymer aus dem milchigen Latex gewisser Pflanzen sich dazu eignete, Bleistiftmarkierungen wegzureiben, wir nennen das heute ein Radiergummi.

Eine Gravur aus Priestleys Buch „Experiments and Observations on Different Kinds of Air" (Experimente und Beobachtungen an verschiedenen Arten von Luft), 1774–1786, zeigt die Instrumente, mit denen er die Gase erforschte.

Auf Blasen bauen

Als Priestley 1770 nach Leeds in Nordengland zog, wohnte er neben einer Brauerei. Beim Gärungsprozess des Brauens entstand die kurz zuvor von Joseph Black beschriebene „fixe Luft". Priestley fand heraus, dass dieses Gas, wenn man es in Wasser löste, ein erfrischendes Getränk ergab. Die Erfindung des Sodawassers erhob Priestley in die höchsten wissenschaftlichen Kreise und er wurde vom Earl of Shelburne als wissenschaftlichen Berater eingestellt.

Die neue Position verschaffte ihm Zeit, noch mehr pneumatische Chemie zu praktizieren.

1791 brannten Aufständische Priestleys Haus in Birmingham, England, nieder. Zuvor war er als angesehener Bürger Birminghams Mitglied der Lunar Society, einer Gruppe von Industriellen und Wissenschaftlern, zu der auch Josiah Wedgwood, James Watt und Erasmus Darwin gehörten.

Bei seinen ersten Experimenten ging es um nitrose Gase, die von der Salpetersäure freigesetzt wurden, wenn sie mit gewissen Metallen reagierten. Eines der farblosen Gase, die Priestley isolierte – er nannte es dephlogistierte Salpeterluft –, schien das „Gute" aus der normalen Luft zu entfernen, sodass sie kein Feuer mehr unterstützen konnte. (Dieses Gas war Distickstoffoxid oder Lachgas, das in der Tat mit dem Sauerstoff in der Luft reagierte.)

1774 konnte Priestley eine weitere „Luft" bestimmen, als er Quecksilberoxid erhitzte. Dieses Gas ließ Kerzen heller brennen und glimmende Holzkohle in Flammen ausbrechen. Er nannte es dephlogistierte Luft, weil es die Verbrennung anregte – oder, nach der damaligen Theorie, das Phlogiston aus dem brennenden Material absorbierte. Priestley berichtete Antoine Laurent de Lavoisier von seiner Arbeit, dem großen französischen Chemiker, der das neue Gas bald Sauerstoff taufen sollte.

Nachdem Priestley seine Anstellung bei Shelburne verlassen hatte, saß er schnell wieder in der Klemme. Die Engländer hatten Amerika verloren, Frankreich befand sich in der Revolution, deren Ideale Priestley öffentlich lautstark vertrat, und er wurde zum Ziel der Gegenreaktion englischer Nationalisten. 1794 entschied er sich ins amerikanische Pennsylvania zu ziehen, wo er ein viertes und letztes Gas entdeckte, das Kohlenmonoxid, das mit einer typischen dunkelblauen Flamme brannte.

SODAWASSER

Der deutsche Juwelier Johann Jacob Schweppe sah das Potenzial des von Priestley entdeckten Sodawassers. 1783 ließ er sich sein Wasser patentieren und eröffnete 1790 in Genf die erste Fabrik für Mineralwasser mit Kohlensäure. Sein Name steht seither für Sodawasser.

33 Scheele – unbekannter Entdecker

WEIT ENTFERNT VON DEN WISSENSCHAFTLICHEN SALONS DER 1770ER-JAHRE IN PARIS UND LONDON machte der schwedische Apotheker Carl Wilhelm Scheele viele für die Chemie bedeutende Entdeckungen, die einigen anderen Personen zugeschrieben wurden.

Obwohl Priestley und Lavoisier es seinerzeit vehement abstritten, ist es wahrscheinlich, dass Carl Scheele bereits 1772 Sauerstoff isolierte – er erzählte nur niemandem davon. Als er schließlich seine Arbeiten 1777 veröffentlichte, waren die Eigenschaften der „Feuerluft", wie er sie nannte, bereits von anderen etabliert.

Obwohl Scheele von seinen wissenschaftlichen Rivalen ignoriert wurde, hat man ihn nicht vergessen. Das wichtige Wolframerz wurde 1821 in Schweden entdeckt und ihm zu Ehren Scheelit genannt.

Feuerluft isolieren

Genau wie Priestley gelangte auch Scheele über das Studium der nitrosen Gase, die von der Salpetersäure freigesetzt wurden, zum Sauerstoff. Auch seine Vorstellungen basierten auf der Phlogiston-Theorie. Er dachte, dass ein Bestandteil der Luft (der sogenannten Feuerluft) sich mit dem in Sustanzen enthaltenen Phlogiston verband, um sie brennen zu lassen und Wärme freizusetzen. Er bemerkte, dass sowohl Salpetersäure als auch Wärme den gleichen Effekt auf Metalle hatten und sie in die gleichen „Erden" verwandelte (Oxide in moderner Terminologie). Scheeles Hypothese zufolge war Wärme das Resultat von Feuerluft, die sich mit dem Phlogiston in einem Metall verband. Da Wärme und Säure beide das gleiche taten, konnte die Salpetersäure den Prozess ja vielleicht umkehren, das Phlogiston aus der Wärme nehmen und die Feuerluft zurücklassen.

Es scheint eher ein glücklicher Zufall denn wissenschaftliche Voraussicht gewesen zu sein, dass Scheele die Eigenschaften von Salpetersäure in einem Feststoff (Kaliumnitrat) „fixierte". Den erhitzte er dann und fing alle daraus hervorgehenden Gase auf. Die nitrosen Gase wurden von Calciumhydroxiden absorbiert und hinterließen die erste Probe reiner Feuerluft, oder reinen Sauerstoffs.

Neben seinen Forschungen im Bereich der pneumatischen Chemie war Scheele auch ein erfolgreicher Entdecker von Elementen, obwohl er sie selbst nicht als solche ansah. Dem Schweden wird die Entdeckung der Metalle Barium (1774), Molybdän (1778) und Wolfram (1781) in gesteinsbildenden Mineralen zugeschrieben. Scheele entdeckte 1774 auch das Gas Chlor, aber erst Humphry Davy bewies 37 Jahre später, dass das Gas ein Element ist.

GESCHICHTE DES WOLFRAMS

Das im Englischen, Italienischen und Französischen gebräuchliche Wort *Tungsten* setzt sich aus den schwedischen Wörtern *tung* und *sten* „schwerer Stein" zusammen. Das chemische Symbol W stammt jedoch von dem deutschen Begriff *Wolfram*, der auf den Mineralogen Georgius Agricola im 16. Jahrhundert zurückgeht. Wolfram hat den höchsten Schmelzpunkt aller Metalle, theoretisch würde es in einem Sonnenfleck nicht schmelzen. Ein weiß glühender Faden aus Wolfram sorgt für das Licht in Glühbirnen.

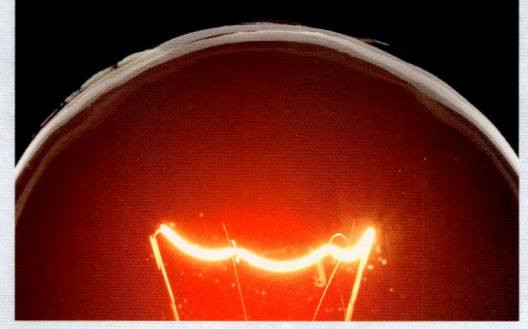

34 Lavoisiers einfache Substanzen

ANTOINE LAVOISIER WIRD AUCH DER VATER DER CHEMIE GENANNT.
Zu Recht, denn seine Beiträge zur Wissenschaft haben ebenso zu einem Epochenwandel beigetragen wie die Französische Revolution, die sein Leben begleitete.

Lavoisier verdanken wir das Konzept des Periodensystems, doch das war nur eine Errungenschaft unter vielen. Neben seinem unzweifelhaften Genie verhalfen Lavoisier jedoch zwei Vorteile zu großem Ruhm in der Chemie: Erstens nutzte er seinen Reichtum, um hervorragende Präzisions-Apparaturen zu kaufen und zweitens stahl er die Ideen anderer und gab sie als seine eigenen aus. Im Herbst des Jahres 1774 sprach er beim Abendessen in Paris mit Joseph Priestley über dephlogistierte Luft und erfuhr fast gleichzeitig von Carl Scheeles Entdeckung der Feuerluft. Wie auch immer, 1777 stellte Lavoisier der Welt das neue Gas Oxygenium, den Sauerstoff vor. Der Name bedeutete in etwa Säure-Erzeuger. Lavoisiers Behauptung, dieses Gas sei in allen Säuren vorhanden, war aber falsch. Er setzte den Sauerstoff auf seine Liste einfacher Substanzen, von denen er annahm, sie könnten nicht weiter geteilt werden, und erstellte somit einen Vorläufer des Periodensystems der Elemente. Die Liste enthielt mehrere Fehler – zum Beispiel bei den Gasen Einträge für Licht und Wärme, eine Grundform von Hitze und Feuer – doch die moderne Vorstellung der chemischen Elemente war geboren.

Lavoisiers Liste von einfachen Substanzen enthielt in ihrer 1789 verfassten finalen Form 33 Stoffe, von denen heute 23 als Elemente anerkannt sind.

Lavoisier bei der Arbeit mit seinem Solarofen, einer immensen Linse, die das Sonnenlicht bündelte. Damit konnte er Substanzen ohne Gefahr der Kontamination verbrennen.

35 Gesetz der Massenerhaltung

EINE VON LAVOISIERS GRÖSSTEN LEISTUNGEN WAR DIE UMWANDLUNG VON LUFT IN WASSER. Er war auch hier nicht der Erste, nutzte die Entdeckung aber, um ein fundamentales Gesetz der Chemie aufzustellen.

Henry Cavendish und Joseph Priestley hatten bemerkt, dass „brennbare Luft" Wassertropfen auf der Innenseite von Glasgefäßen hinterließ, nachdem sie verbrannt war. Daraufhin benannte Lavoisier das Gas in *hydrogenium,* den Wassererzeuger, um. Cavendish bemerkte, dass dieses Wasser leicht scharf (nach Säure) schmeckte und Lavoisier kombinierte diese Tatsache mit seiner Theorie, dass die Präsenz von Sauerstoffgas der Grund für die Säure war. (Der scharfe Geschmack wurde eigentlich von einer Spur Salpetersäure verursacht, die durch die intensive Hitze der Verbrennung vom ansonsten trägen Stickstoff in der Luft stammte.)

Trotz der Schwachstelle in seiner Säuretheorie entzündete Lavoisier in seinen Versuchen eine Mischung von reinem Wasserstoff und Sauerstoff. Anstelle von Säure erhielt er lediglich Wasser. Er realisierte sofort, dass er den Beweis dafür hatte, dass die Theorie des Aristoteles über die Elemente der Geschichte angehörte: Wasser war gar kein Element, sondern die Verbindung zweier Gase. Da in seiner Erklärung nur Wasserstoff und Sauerstoff vorkamen, widerlegte Lavoisiers Entdeckung auch die Phlogiston-Theorie.

Lavoisiers chemische Skalen waren präziser als die seiner Zeitgenossen. Deshalb konnte er bestätigen, dass das Gesamtgewicht der Materie sich durch die Reaktionen nicht veränderte.

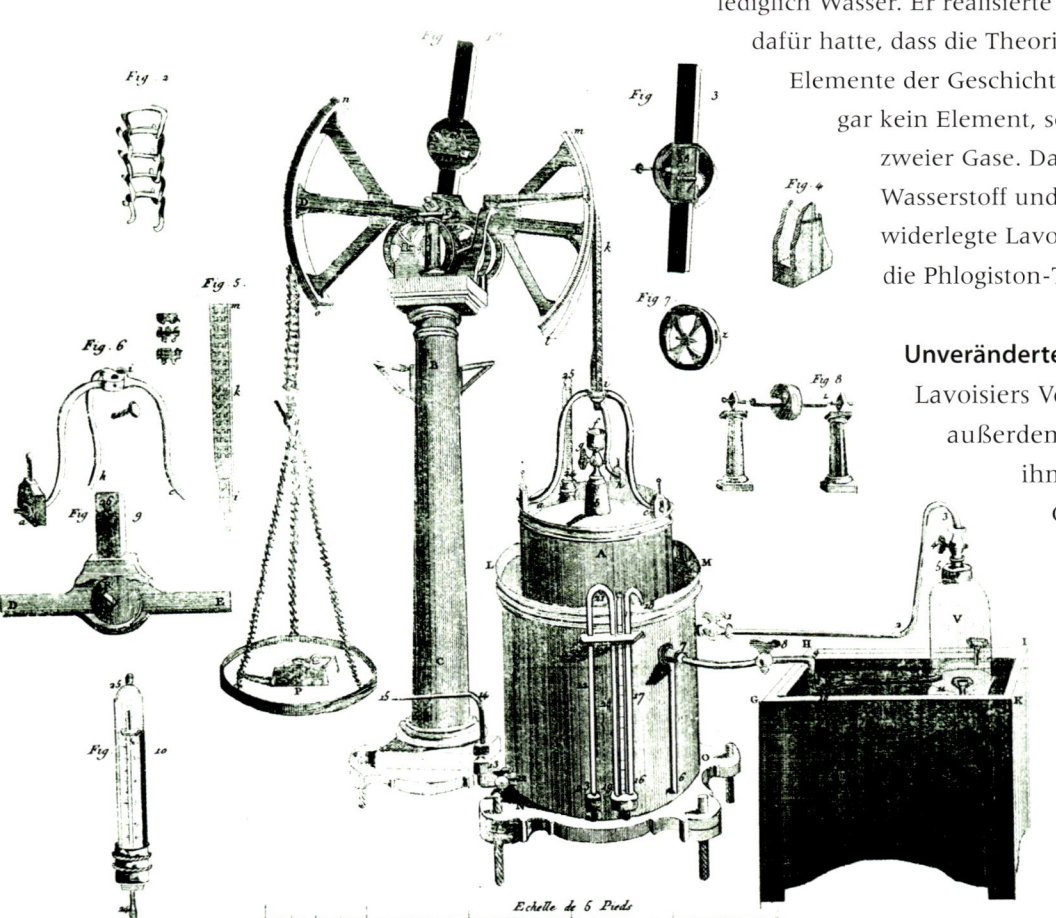

Unverändertes Gewicht

Lavoisiers Versuche bestätigten außerdem, was schon einige vor ihm vermutet hatten. Das Gewicht von Gasen vor einem Versuch war identisch mit dem der erhaltenen Flüssigkeit. Damit war nachgewiesen, dass Materie weder geschaffen noch zerstört wird, sondern sich nur verändert.

METRISCHES SYSTEM

Lavoisiers Berühmtheit war auf ihrem Höhepunkt, als die Französische Revolution in den Straßen von Paris wütete. Nach der Absetzung des Königs wurden Lavoisiers Fähigkeiten von der neuen Republik nicht verschwendet. Er wurde in die Kommission zur Etablierung des neuen metrischen Systems berufen und hatte zur Aufgabe, Gewichts- und Längenmaße für ganz Frankreich zu vereinheitlichen – und letztendlich für die ganze Welt.

36 Wärmemessung

ANTOINE LAVOISIER WAR NICHT DAS EINZIGE ARISTOKRAATISCHE GENIE IM FRANK-REICH DES 18. JAHRHUNDERTS. Gemeinsam mit dem Physiker und Mathematiker Pierre-Simon Laplace erforschte er Wärme und Licht.

Nachdem die Phlogiston-Theorie der Verbrennung widerlegt war, nach der Feuer die Freisetzung eines Materiales namens Phlogiston war, grübelte Lavoisier zu Recht wieder über die Natur der Wärme und des Lichtes nach, die in Flammen enthalten waren.

Laplace gilt vor allem als Pionier der statistischen Theorie und der Wahrscheinlichkeitstheorie.

Die Theorie der Substanz

Das Licht war schon lange untersucht worden und es gab darüber eine Reihe von Theorien. Im Jahrhundert zuvor hatte Christiaan Huygens die Theorie unterstützt, dass Licht eine Welle sei, weil sich demonstrieren ließ, dass es sich gleich verhielt wie andere Wellen. Einige Jahrzehnte später führte Newtons Interesse an der Optik zu dem damals neuen Konzept eines Lichtspektrums, das aus sieben Farben bestand. (Sechs wären leichter gewesen, doch der überraschend mystische Newton dachte, sieben sei eine verheißungsvollere Zahl, deshalb erfand er die Farbe Indigo.) Newton verfocht die Korpuskeltheorie, nach der das Licht aus winzigen gewichtslosen Teilchen besteht. Lavoisier verfolgte einen ähnlichen Ansatz. Er benannte das gewichtslose Material im Feuer als kalorisch und konnte es im Gegensatz zum Phlogiston auch messen.

Kalorimeter

Lavoisier nahm in den 1780er-Jahren Laplace in seine Dienste, um ein kalorisches Messgerät oder Kalorimeter zu entwickeln. Das Gerät hatte eine zentrale Kammer, die von einer dichten Schicht von Eiskristallen umgeben war. Die von Proben im Zentrum freigesetzte Wärme schmolz einen Teil des Eises. Die Menge des produzierten Wassers war ein Maß für die Wärmemenge. Laplace und Lavoisier maßen die Wärmemenge, die von brennender Holzkohle freigesetzt wurde. Dann setzten sie ein Meerschweinchen in ihr Gerät, um die Wärme, die es beim Atmen freisetzte, damit zu vergleichen: Beide Ergebnisse stimmten überein und bestätigten, dass tierische Respiration eine Art von Verbrennung ist.

DIE KALORIE

Nahrungsenergie wird durch die Messung der Wärme quantifiziert, die sie bei Verbrennung in einem Kalorimeter freisetzt, Die Wärmeeinheit, die Kalorie, ist von Lavoisier benannt worden.

Das Kalorimeter bestand aus einem Satz konzentrischer Gefäße, die die zentrale Kammer von äußeren Einwirkungen abschirmten.

The Calorimeter of Lavoisier and La Place.

37 Coulomb-Gesetz

WÄHREND LAVOISIER DIE ENERGIE DES FEUERS MASS, entwickelte ein anderer französischer Wissenschaftler eine Möglichkeit, die Stärke elektrostatischer Kräfte zu messen.

In den 1780er-Jahren war man sich einig, dass elektrische Kräfte das Resultat eines Ungleichgewichtes in einer flüssigkeitsähnlichen Substanz waren, die in allen Dingen vorhanden war. Elektrische Reaktionen entstanden, wenn ein Überschuss oder ein Mangel des Fluidums existierte. Objekte, die sich in entgegengesetzten Stadien befanden (zu viel oder zu wenig enthielten), zogen sich gegenseitig an, während solche mit gleichen Mengen des elektrischen Fluidums eine abstoßende Kraft ausübten. Die zu jener Zeit messbaren elektrostatischen Kräfte waren nur schwach. 1784 entwickelte Charles Augustin de Coulomb die Torsionswaage, die Kräfte dieses Ausmaßes messen konnte. Sie hatte eine geladene Metallstange, die an einem Faden hing. Die elektrische Kraft eines anderen geladenen Objektes ließ die Stange sich um den Faden drehen. Coulomb fand heraus, dass die Bewegungskraft umgekehrt proportional zum Quadrat des Abstandes zwischen den Objekten war. Diese Beziehung, als Coulomb-Gesetz bekannt, war der erste Hinweis darauf, wie elektrische Kraftfelder funktionieren.

Eine größere Version von Coulombs Torsionswaage verwendete Henry Cavendish 1798 zur Messung von Gravitationskräften.

38 Analyse der Natur

WÄHREND EINE NEUE GENERATION VON WISSENSCHAFTLERN DIE WIRKUNGSKRÄFTE DER NATUR ENTDECKTEN, untersuchten andere Forscher die Substanzen der Gesteine und Erden, aus denen unsere Welt besteht.

1810 wurde Klaproth der erste Chemieprofessor der Universität Berlin.

Bis heute gehört es zu den Hauptaufgaben der Chemie, unbekannte Substanzen zu analysieren. Am Ende des 18. Jahrhunderts waren viele der in Gesteinen vorhandenen Minerale genau das: unbekannt. Ein deutscher Apotheker (später professioneller Chemiker) namens Martin Heinrich Klaproth begann, die Entdeckungen von Lavoisier, Cavendish und anderen anzuwenden, um herauszufinden, woraus die Welt besteht. 1791 fand Klaproth ein neues Metall in einem Mineral namens Rutil. Er gab dem Metall den Namen Titan, nach dem griechischen Göttergeschlecht. (Der englische Mineraloge William Gregor soll das Metall jedoch zuerst identifiziert haben.) Es gibt aber keinen Zweifel daran, dass Klaproth der Entdecker des Urans (nach dem Planeten Uranus benannt) und des Zirconiums ist. Darüber hinaus bestätigte er auch, dass alle drei Metalle neue, reine Elemente waren.

39 Eine Standard-Nomenklatur

ALS DIE WISSENSCHAFT DER CHEMIE NOCH VON DER KONFUSEN SPRACHE DER ALCHEMIE DURCHSETZT WAR, präsentierten Antoine Lavoisier und seine Verbündeten ein erstes Standardsystem chemischer Nomenklatur.

Die Sprache der Chemie ist heute den meisten Menschen geläufig und viele ihrer Begriffe tauchen in alltäglichen Unterhaltungen auf – Dioxid, Carbonat und Schwefel. Als sie in den 1790er-Jahren in der von Lavoisier gegründeten Zeitschrift *Annales de Chimie* von Lavoisier, seiner Frau Marie Anne und mehreren Assistenten vorgestellt wurde, ging sie mit einer Logik einher, die noch heute gilt: Eine Verbindung zwischen einem Metall und einem Nichtmetall hat die Endung -id, wie z. B. Eisenoxid. Säuren wurden nach dem Nicht-Sauerstoff-Anteil benannt, so wurde Vitriolöl umbenannt in Schwefelsäure. Eine Schwefelsäure jedoch, die weniger Sauerstoff enthielt, wurden als schweflige Säure qualifiziert. Die von Säuren gebildeten Verbindung trugen entweder den Suffix -at oder -it. Salpetersäure produzierte also mit anderen Worten Nitrate, während salpetrige Säure Nitrite produzierte. Neben *Hydrogenium* (Wasserstoff) und *Oxygenium* (Sauerstoff) förderte Lavoisier auch die Verwendung des Wortes Gas anstelle von „Luft". Doch sein Begriff *azote* für *Nitrogenium* (Stickstoff) setzte sich nicht durch.

AB MIT SEINEM KOPF

Antoine Lavoisiers Beiträge zur Wissenschaft wurden vom revolutionären Regime, das in Frankreich 1789 die Macht übernahm, anerkannt und angewendet. Da sein großer Reichtum jedoch von seiner ehemaligen Position als Steuereintreiber des verhassten Königs herrührte, holte ihn seine Vergangenheit 1794 ein: Er starb mit 51 Jahren unter der Guillotine.

Lavoisiers Laborausrüstung ist noch heute im Musée des arts et métiers in Paris zu sehen.

40 Tierische Elektrizität

DAS SEZIEREN EINES FROSCHES ERGAB UNBEABSICHTIGERWEISE, DASS ELEKTRIZITÄT NICHT NUR FUNKENSPRÜHEN BEDEUTETE, SONDERN AUCH WEITERGELEITET WERDEN KONNTE. Zunächst dachte man, der elektrische Strom sei auf die Muskeln beschränkt, doch bald stellte er sich als weiter verbreitetes Phänomen heraus.

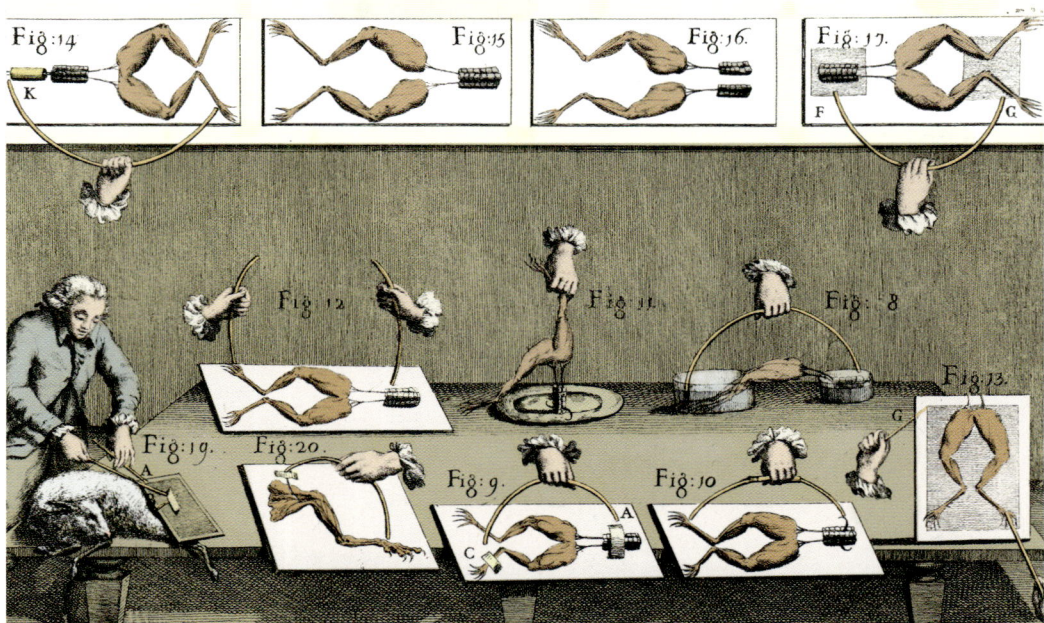

Auf Galvanis Zeichnungen ist zu sehen, auf welch unterschiedliche Art und Weise er seine „tierische Elektrizität" manifestieren konnte.

GALVANISIEREN

Zu den wenigen Menschen, die einem Begriff ihren Namen gaben, gehört Luigi Galvani. Nach ihm wurde der Prozess des Galvanisierens benannt, bei dem Stahl mit einer dünnen Schicht Zink überzogen wird. Wenn der Stahl einen Kratzer bekommt, sorgt eine elektrochemische Reaktion dafür, dass der Zink den Kratzer ausfüllt und nicht Rost.

Wie so oft im Verlauf des wissenschaftlichen Fortschritts wurde auch die Existenz elektrischer Ströme durch reinen Zufall entdeckt. 1791 untersuchte der italienische Anatom Luigi Galvani, wie Nerven und Muskeln verbunden sind. Er hing einige abgetrennte Froschschenkel zum Trocknen über einen Drahtzaun. Der Zaun war aus Eisen, der Haken aus Kupfer: Die Froschschenkel zuckten. (Später erzählte er, wie er Funken fliegen sah, als er und sein Assistent die Nerven mit einem metallenen Skalpell berührten.)

Kompletter Kreislauf

Galvani forschte weiter und fand heraus, dass er das Phänomen wiederholen konnte, wenn er einen gebogenen Draht – wiederum aus Kupfer und Eisen – benutzte, um den freiliegenden Nerv mit dem Ende des Beins zu verbinden. Galvani hatte unbewusst einen einfachen Kreislauf geschaffen, der seiner „tierischen Elektrizität" ermöglichte, durch den Nerv in den Muskel zu strömen, in dem dadurch eine Kontraktion ausgelöst wurde. Galvani berichtete, dass seine Technik bei größeren Säugetieren ebenso gut funktioniere und er zeigte sogar, dass der menschliche Körper als Teil des Kreislaufes benutzt werden konnte. Natürlich vermutete er eine seltsame Form von belebtem tierischem Gewebe. Später zeigten andere Wissenschaftler, dass es keines tierischen Gewebes bedurfte. Es funktionierte sogar besser ohne.

41 Chemische Elektrizität

ALESSANDRO VOLTA HAT GALVANIS EXPERIMENTE KOPIERT. Er fand heraus, dass das zuckende Bein nur das sichtbare Resultat einer elektrischen Spannung war, die sich zwischen den beiden verwendeten Metallen bildete.

Wie sein Name vermuten lässt, ist Alessandro Volta der Mann von dem das Volt stammt, die Einheit, mit der die elektrische Spannung gemessen wird, die durch Drähte, Nerven und als Blitz durch den Himmel fließt. Der Italiener wurde 1800 durch die Erfindung der Voltaschen Säule bekannt, der ersten elektrischen Batterie.

Volta realisierte, dass Galvanis tierische Elektrizität das Resultat einer chemischen Reaktion zwischen zwei Metallen war, die irgendwie die Elektrizität vom einen zum anderen leitete. Damit das funktionierte, benötigte der Kreislauf eine salzige Flüssigkeit (aus den Froschschenkeln), welche die beiden Metalle trennte. In seiner Säule schichtete Volta Platten von in Salzlake eingelegter Holzmasse zwischen Silbermünzen und Zinkstücke. Von selbst tat die Säule gar nichts. Doch wenn sich von oben und unten laufende Drähte berührten, vervollständigten sie den Kreislauf und ermöglichten der Elektrizität, zu fließen. Es sprühten Funken oder Stücke von Goldfolie wurden aufgeladen und stießen sich gegenseitig ab. Die kontrollierbare Energie der Voltaschen Säule und spätere Batterieentwürfe sollten die chemische Analyse bald revolutionieren.

1801 zeigte Alessandro Volta Napoleon, der kurz vor ihrer Erfindung in Italien einmarschiert war, seine Voltasche Säule.

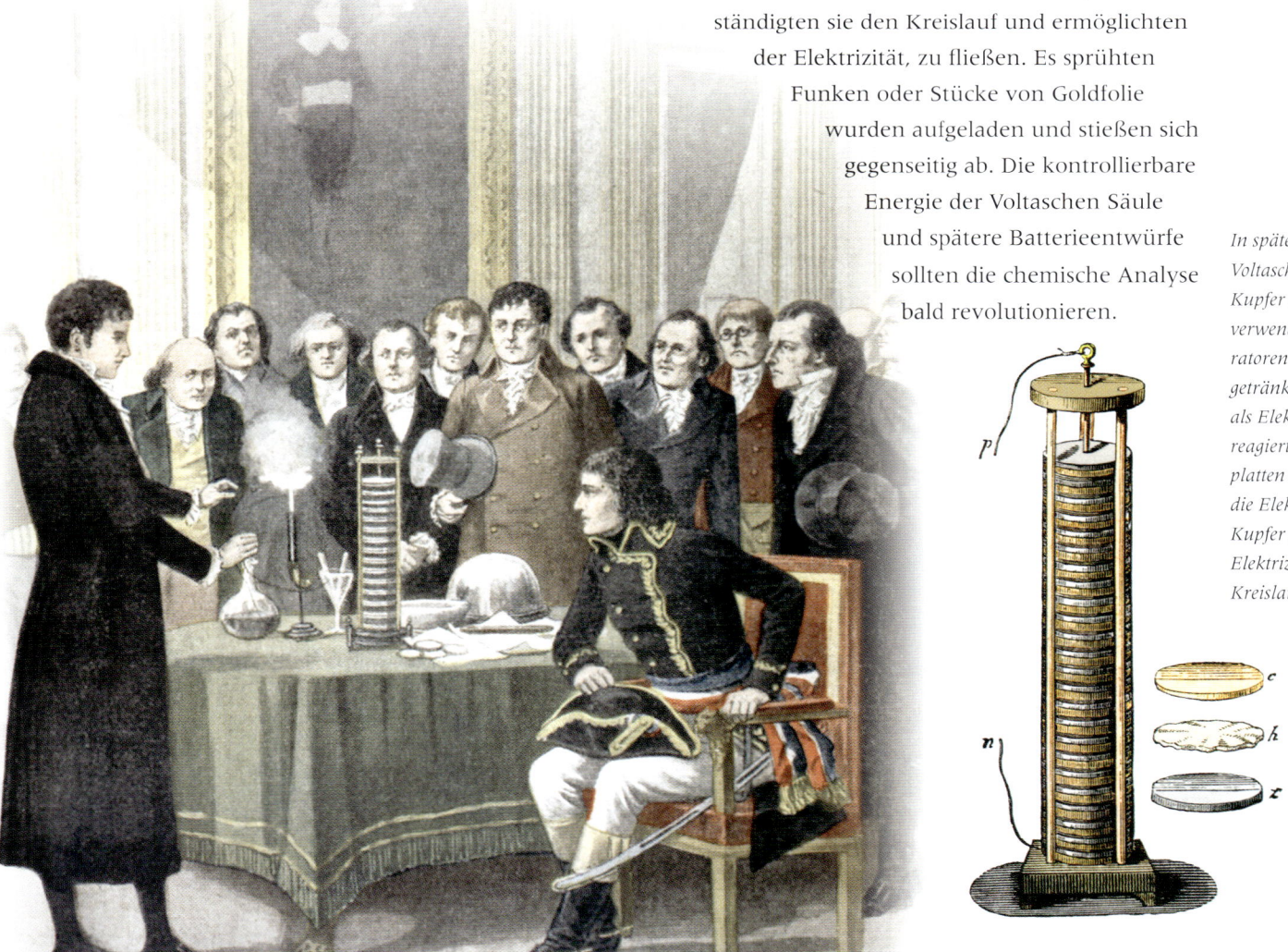

In späteren Versionen der Voltaschen Säule wurde Kupfer anstelle von Silber verwendet und die Separatoren mit Schwefelsäure getränkt. Die Säure, heute als Elektrolyt bekannt, reagiert mit den Zinkplatten und zwingt dabei die Elektronen, durch das Kupfer zu fließen – und als Elektrizitätsstrom um den Kreislauf.

DAS GROSSE ZEITALTER DER WISSENSCHAFT (19. JAHRHUNDERT)

42 Gas-Theorie

DIE ERKENNTNIS, DASS LUFT AUS UNTERSCHIEDLICHEN GASEN BESTAND, HATTE WEITREICHENDE KONSEQUENZEN. Den nächsten großen Schritt machte ein Meteorologe, der sich dafür interessierte, wie Gase sich vermischen und bewegen.

Den englischen Naturforscher John Dalton interessierte in erster Linie das Wetter. Er zeichnete während seines ganzen Erwachsenenlebens meteorologische Daten auf. Zu Beginn des 19. Jahrhunderts wendete Dalton sein Wissen über Luft, Wasser, Wind und Regen auf die grundsätzliche Natur der Gase an. Er fand heraus, dass in einer Gasmischung jedes einzelne Gas unabhängig von den anderen Gasen einen eigenen Partialdruck bei jeder Temperatur besitzt, das heißt Gase mussten aus winzigen, unabhängigen Einheiten bestehen, die ihnen ihre einzigartigen Eigenschaften verliehen.

43 Atom-Theorien

JOHN DALTONS ARBEITEN ÜBER GASE FÜHRTEN ZU EINER ERSCHRECKENDEN ERKENNTNIS: DIE ALTEN GRIECHEN HATTEN RECHT GEHABT! Doch er meinte damit nicht die Theorien des Aristoteles, sondern die Atome des Demokrit.

Dalton stochert in einem Sumpfbett, um Blasen brennbaren Sumpfgases, heute als Methan bekannt, in Behälter zu füllen.

John Dalton ist als der Mann bekannt, der die Atome wieder in die Chemie einführte. 1803 stellt er die These auf, dass Gase aus ganz kleinen unzerstörbaren Teilchen bestehen. Er nannte sie Atome, genau wie Leukipp und sein noch berühmterer Schüler Demokrit, als sie die Idee 2200 Jahre zuvor verbreiteten. Für die Griechen war das Atom ein philosophisches Konstrukt, sowohl ein Produkt des Denkens wie der Natur. Bereits 1738 hatte Daniel Bernoulli den durch ein Gas ausgeübten Druck als eine Reihe von theoretischen Teilchen quantifiziert, die alle eine winzige Kraft ausübten und gegen die Innenwand eines Behälters drückten. Doch in Daltons Atom-Theorie waren die Teilchen ganz und gar reale Objekte, wenngleich zu klein, als dass man sie hätte direkt sehen können. Trotz ihrer geringen Größe seien es die Atome, die den Gasen ihre Masse verliehen. Da ein Behälter mit Wasserstoff weniger wiege als das gleiche Volumen Sauerstoff, müssten die Atome in jedem Gas anders sein.

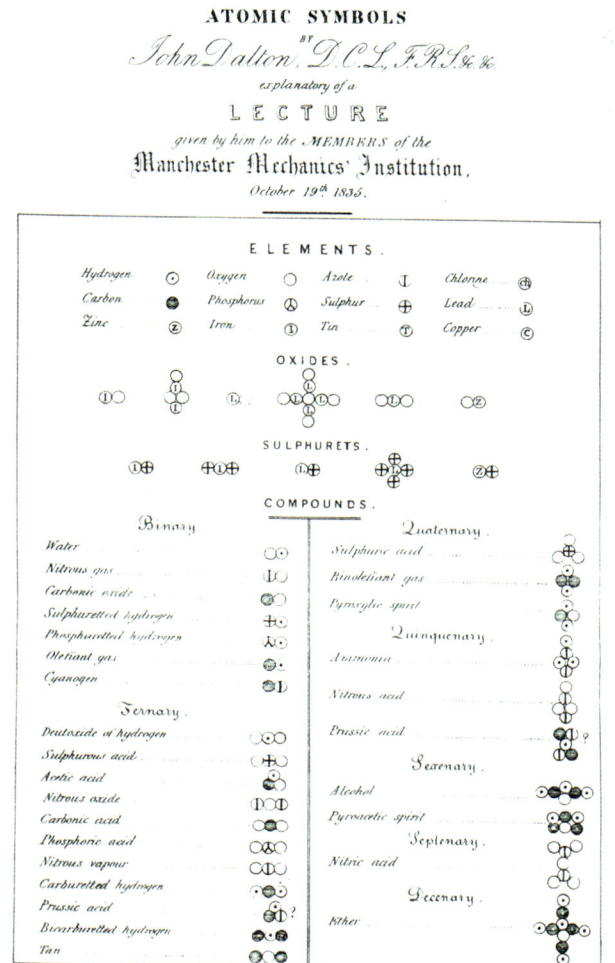

Kombinationen und Verhältnisse

Daltons Experimente bestätigten die Intuition anderer, dass die Elemente sich in festen Verhältnissen verbanden. Er fand heraus, dass Kohlenstoff und Sauerstoff sich im Verhältnis 1:1 zu Kohlenmonoxid verbinden konnten, aber auch im Verhältnis 1:2 zu Kohlendioxid (einstmals „fixe Luft" genannt). Die Verhältnisse waren immer ganze Zahlen und die beiden Elemente verbanden sich in keiner anderen Proportion. Diese Entdeckung wurde zur Grundlage des Gesetzes der konstanten Proportionen.

Dalton interpretierte die Verhältnisse von Atomen verschiedener Elemente, die sich verbanden. Er stellte sich Netzwerke und Anhäufungen von Atomen vor, die als Moleküle bekannt wurden (der Begriff wurde einige Jahre zuvor gebildet). Er nutzte die Verhältnisse auch, um das Atomgewicht der verschiedenen Elemente zu errechnen. Er gab dem Wasserstoff das Gewicht 1 und verlieh dann den anderen Elementen Werte im Vergleich zu diesem Gas. Daltons Überlegung war vernünftig, aber seine Daten waren fehlerhaft. Dennoch wurde das Atomgewicht (oder die Atommasse, wie sie heute genannt wird) zum ersten Parameter für die Organisation der bekannten Elemente in einer Tabelle.

Daltons Tabelle der Elemente verwendete die alchemistischen Symbole zu jedem Element. Sie spiegelt aber auch bereits zukünftige Entwicklungen und drückte einfache Verbindungen als in spezifischen Proportionen und Formen verbundene Atome aus.

44 Korrekte Proportionen

JOHN DALTON VERÄNDERTE DIE CHEMIE, ABER ER HATTE FEHLER GEMACHT:
Er schätzte Wasser falsch ein und verdrehte die Werte für Atommasse.

Joseph Louis Gay-Lussac ist uns durch das nach ihm benannte Gasgesetz (Gay-Lussac-Gesetz) in Erinnerung, nach dem das Volumen eines Gases proportional zu seiner Temperatur ist – Gase dehnen sich mit der Erwärmung aus. 1805 wies der Franzose auch nach, dass Wasser aus je zwei Teilen Wasserstoff und einem Teil Sauerstoff besteht – H_2O, nicht wie von Dalton angenommen HO 1:1. Nach Daltons Annahme eines Massenverhältnis von 16:2 für Sauerstoff:Wasserstoff, hatte Sauerstoff eine Atommasse von 8 ($^{16}/_2$). Die in Versuchen wirklich erreichten Werte wichen leicht ab, waren aber immer noch falsch. Gay-Lussac wies nach, dass die Atommasse des Sauerstoffes 16 sein musste (wie heute anerkannt). Da der Sauerstoff Teil so vieler Verbindungen war, öffnete die Berichtigung dieses Fehlers die Tür zur korrekten Erfassung der Atommasse der anderen Elemente.

Gay-Lussac erforschte 1804 die Luft der Atmosphäre von einem Ballon aus.

45 Elektrolyse

DER ZUSAMMENHANG ZWISCHEN ELEKTRIZITÄT UND CHEMISCHEN VERBINDUNGEN WURDE ZU BEGINN DES 19. JAHRHUNDERTS AUFGEDECKT. Die Elektrolyse – die Aufspaltung mittels Elektrizität – war ein neues Werkzeug für die Analyse von chemischen Verbindungen.

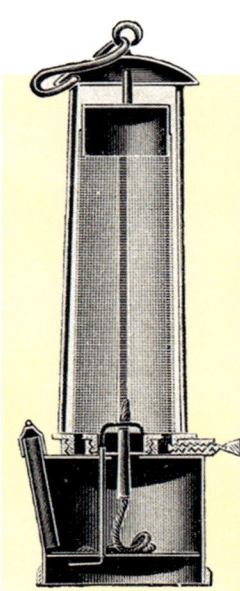

DAVY-LAMPE

Eine von Humphry Davys bleibenden Errungenschaften ist die Grubensicherheitslampe für Bergleute. Sie bestand aus einer offenen Flamme in einem feinmaschigen Metallgeflecht, durch das keine Flammen entweichen und brennbare Gase in der Grube entzünden konnten.

Humphry Davy war eine der ersten Berühmtheiten der Wissenschaft, und das nicht ohne Grund. Früh begann er seine wissenschaftliche Karriere als Assistent von Thomas Beddoes, der die gesundheitlichen Effekte verschiedener Gase an einem Institut in Bristol untersuchte. Im Selbstversuch atmete er, trotz aller gegenteiligen Ratschläge, Distickstoffoxid ein, das er als sehr vergnüglich empfand – heute ist es als Lachgas bekannt. Davys Gas sorgte damals in der Gesellschaft von Bristol für einen kleinen Aufruhr (der Dichter Samuel Coleridge wurde ein großer Fan davon) und Davy hielt viele Vorträge an der neuen Royal Institution in London zu dem populären Thema.

Als Davy seine Karriere in London begann, verbreitete sich die Nachricht von Voltas elektrischer Säule. Davy und andere Mitglieder der Royal Institution verbesserten die Apparatur. 1807 hatten sie eine große „Batterie" aus Silber-Zink-Zellen hergestellt. Davy leitete den Strom in ätzende Pottasche und Soda, zwei „Erden", die schon auf Daltons Liste der Elemente standen. Davy wusste, dass Elektrizität Verbindungen aufspalten konnte und zu seiner großen Freude spaltete die geschmolzene Pottasche (Kaliumhydroxid) ein Metall ab, das sofort in Flammen aufging. Es war Kalium, das erste Element, das Davy entdeckte. Ätznatron (Natriumhydroxid) ergab Natrium und nach späteren elektrolytischen Untersuchungen fügte Davy seiner Liste persönlich isolierter Elemente Magnesium, Calcium, Bor und Barium hinzu.

Die von William Hyde Wollaston 1807 in der Royal Institution gebaute Batterie war damals die stärkste elektrische Quelle und wurde von Humphry Davy zur Elektrolyse genutzt.

46 Halogene

HUMPHRY DAVYS EXPERIMENTE HIELTEN MEHR ALS NUR NEUE METALLE BEREIT. Er zeigte auch, dass ein 35 Jahre zuvor von Carl Scheele entdecktes blasses grünes Gas ein neues Element war – das erste einer potenten Familie von Substanzen, die Halogene genannt werden.

Die ersten Aufzeichnungen über Chlor finden sich im 17. Jahrhundert in den Arbeiten des belgischen Alchemisten Johannes van Helmont. Doch die Entdeckung dieses beißenden grünen Gases wird dem Schweden Carl Scheele 150 Jahre später zugeschrieben. Scheele produzierte es 1174 durch chemische Absonderung von Chlorwasserstoffsäure – die ihm als Salzsäure oder muriatische Säure bekannt war. Er war überzeugt, dass das Gas Sauerstoff enthielt, oder „Feuerluft", wie er es nannte, und dass, wenn man diesen entfernte, ein neues Element namens *Muriaticum* freigesetzt würde. Das gelang ihm jedoch nicht. 1810 versuchte Davy es erneut und erklärte, dass das Gas ein neues Element sei, wegen seiner grünlichen Farbe Chlorgas genannt. Mit Davys Schlussfolgerung endete auch die Vorstellung, dass Säuren unbedingt Sauerstoff enthalten mussten.

Salzbildner

Chlor war eine kräftige Substanz, aber keine säurehaltige. Es ließ Lackmus nicht rot werden (wie es eine Säure getan hätte), sondern bleichte ihn weiß, eine Eigenschaft des Chlors, die seither viele Verwendungen gefunden hat. Chlor reagierte auch sofort mit Metallen und bildete salzige Substanzen – Chlor und Natrium bildeten das gemeine Salz. Dieser Zusammenhang mit Salz ließ einige Wissenschaftler vorschlagen, Chlor nach dem griechischen Begriff für Salzbildner Halogen zu nennen, doch es blieb bei dem Begriff Chlor.

1811 wurde ein weiteres dieser salzbildenden Elemente aus der Asche verbrannten Seetangs gewonnen. Dieser metallene graue Feststoff sublimierte in violetten Dämpfen, die ihm den Namen Iod verliehen, vom griechischen Wort für „violett" abgeleitet. Von einem Weiteren wusste man, dass es in Flusssäure existierte, einer extrem ätzenden Substanz, die aus Flussspat gewonnen wurde. Flussspat wurde seit langem als Flussmittel in Schmelzöfen eingesetzt und verdankte seinen Namen der Eigenschaft, dass es Erzen half zu „fließen" oder zu schmelzen. Humphry Davy schlug vor, das ungesehene Element Fluor zu nennen (obwohl es noch 75 Jahre dauern sollte herauszufinden, wie man es isolieren konnte). Als 1825 flüssiges Brom gefunden wurde, ergab sich eine Familie von Elementen und Halogen wurde zu ihrem Sammelnamen erklärt. Durch die Halogene erkannten die Chemiker, dass Elemente trotz unterschiedlicher physikalischer Eigenschaften die gleiche Chemie haben konnten.

BROM

Als eines von nur zwei flüssigen Elementen (Quecksilber ist das andere) und einziges flüssiges Nichtmetall hat Brom einen besonderen Status. Das dritte Halogen ist aufgrund seiner stechend dunkelbraunen Dämpfe nach dem griechischen Wort für Gestank benannt. Gelöste Bromide verleihen dem Wasser des Toten Meeres ihre hohe Dichte (durch die man beim Schwimmen an der Oberfläche treibt) und auch dem Purpur seine intensive Farbe, die der römische Adel bevorzugte.

Natrium verbrennt in grünen Dämpfen von Chlorgas zu gemeinem Salz, mit chemischem Namen Natriumchlorid, der Substanz, mit der wir seit Jahrhunderten unsere Speisen würzen.

47 Avogadrosches Gesetz

ZU SEINER ZEIT WURDE AMEDEO AVOGADRO WEITGEHEND IGNORIERT, DOCH SEINE ER-KENNTNISSE LIEFERTEN DAS HERZSTÜCK DES PERIODENSYTEMS DER ELEMENTE. Sein Gesetz besagt, dass ein Gas ungeachtet seiner Bestandteile immer die gleiche Anzahl von Teilen enthält wie eine andere Gasprobe mit dem gleichen Volumen.

John Dalton wies nach, dass der Gesamtdruck, der von einer Gasmischung ausgeübt wurde, der Summe des Teildrucks seiner Bestandteile entsprach. Wenn Temperatur und Volumen konstant blieben, war der Gesamtdruck des Gases proportional zur Anzahl der Teilchen im Gas. Wenn der Teildruck eines Gasbestandteiles erhöht und der eines anderen verringert wurde, änderte sich der Gesamtdruck nicht. 1811 spann Avogadro den Gedanken weiter und folgerte, dass, während der Druck eines Gases von der Anzahl der Teilchen (Moleküle) abhängig war, er jedoch unabhängig von der Art der Teilchen sei – und somit gleiche Volumnia unterschiedlicher Gase bei gleicher Temperatur und gleichem Druck die gleiche Anzahl von Teilchen enthalten mussten. Dieses Gesetz wurde Jahre später anerkannt und diente daraufhin der Codierung von chemischen Formeln und Atommassen.

AVOGADRO-KONSTANTE

Die Mengenangaben bei chemischen Reaktionen misst man in Mol, eine festgelegte Zahl, mit der sehr kleine Teilchen wie Atome und Moleküle gezählt werden. Ein Mol enthält etwa 602.214.129.270.000.000.000.000 Teilchen. Auf Gase bezogen (jedes Gas), füllt ein Mol 22 Liter. Diese Zahl, die meist als $6,022 \times 10^{23}$ dargestellt wird, nennt man Avogadro-Konstante.

48 Chemische Symbole und Formeln

EINER DER FÜHRENDEN VERTEIDIGER DES NEUEN ATOMISMUS WAR JÖNS JAKOB BERZELIUS. Der Einfluss dieses schwedischen Chemikers lässt sich durch die ganze moderne Chemie verfolgen, nicht zuletzt wegen der von ihm gewählten Formeln, mit denen er einfache Verbindungen präsentierte.

Um 1820 wandte Jöns Jakob Berzelius als erster Chemiker das Avogadrosche Gesetz in seiner Arbeit an. Wie sein Vorgänger realisierte auch er, dass zwei Gase, die miteinander reagierten, nicht unbedingt zu weniger und damit komplexeren Molekülen führten, so wie einzelne Atome sich zum Beispiel zu Paaren zusammenschlossen. Ein solches Szenario hätte zu einer Verringerung des Gasdrucks geführt. Der Gasdruck war jedoch nach der

Reaktion genau so hoch wie zuvor. Das zeigte, dass die Anzahl der Teilchen konstant blieb. Die einfachste Erklärung dafür war, dass ein Paar der Atome eines Elementes (z. B. Sauerstoff), mit einem Paar eines anderen Elementes (Stickstoff) reagierte, um zwei Paare mit Atomen jedes Elementes zu bilden (Stickstoffmonoxid).

Einfaches Notationssystem

Berzelius entdeckte, dass bei chemischen Reaktionen Moleküle aus zwei oder mehr Atomen auseinanderbrachen und sich wieder mit unterschiedlichen Bestandteilen in anderer Form zusammensetzten. Er entwickelte ein einfaches Notationssystem, um diese komplexen Änderungen festzuhalten. Zunächst gab er jedem Element ein Symbol, meist den ersten Buchstaben seines Namens. So wurde Wasserstoff *(hydrogenium)* H, Sauerstoff *(oxygenium)* O, und Stickstoff *(nitogenium)* N. Die Namen vieler Elemente waren nicht in allen Sprachen die gleichen, deshalb griff Berzelius für ihre Symbole auf das Lateinische zurück: Eisen wurde nach *ferrum* Fe, Natrium Na und Blei Pb nach dem lateinischen Wort *plumbum*.

Berzelius wird die Entdeckung von Silicium, Selen, Thorium und Cer zugeschrieben, während Lithium auch als erstes von einem seiner Assistenten identifiziert wurde, der in seinem Labor am Stockholmer Karolinska-Institut arbeitete.

Verbindungen stellte er als Formel dar, oder als Kombinationen dieser Symbole. So hielt er zum Beispiel Stickstoffmonoxid als NO fest. Eine hochgestellte Zahl gab die Proportionen an, so dass Wasser H^2O geschrieben wurde – oder geschrieben worden wäre, wenn Berzelius daran geglaubt hätte, dass dies korrekt sei. Er glaubte noch immer, die Formel für Wasser sei HO. Später wurden die hochgestellten Zahlen durch die heute verwendeten tiefgestellten (H_2O) ersetzt, doch die grundsätzliche Kurzschrift von Berzelius wird noch immer verwendet. Heute ist das System auf Gleichungen ausgeweitet, welche die Moleküle vor und nach einer Reaktion zeigen.

ALCHEMISTISCHE SYMBOLE

Berzelius' Notation war nicht ganz neu. Dalton und mehrere seiner Vorgänger hatten den Elementen aus der Alchemie bekannte Symbole gegeben. Diese Symbole waren teils Codes und teils magische Zahlen, die den paranormalen Charakter jeder Substanz implizierten. Es gab kein vereinbartes System, doch die Alchemisten hatten sich oft von der Astrologie inspirieren lassen. Dabei symbolisierte Gold die Sonne und Silber den Mond. Eisen wurde mit dem Mars verbunden, und das Symbol wird heute für das männliche Geschlecht verwendet. Kupfer wurde von Venus kontrolliert und sein Zeichen wird heute für die weibliche Geschlecht verwendet.

49 Elektromagnetismus

1820 ENTDECKTE HANS CHRISTIAN ØRSTED, DASS ELEKTRIZITÄT UND MAGNETISMUS ENG MITEINANDER VERBUNDEN WAREN. Diese Entdeckung führte letztendlich zur technischen Nutzung von elektrischem Strom, aber sie warf auch Licht auf die Kraft, die bei chemischen Reaktionen wirkte und später Elektromagnetismus genannt werden sollte.

ALUMINIUM VEREDELN

Obwohl Humphry Davy und andere bereits Aluminiumlegierungen mit anderen Metallen wie Eisen hergestellt hatten, gewann Hans Christian Ørsted 1825 als erster eine Probe reinen Aluminiums. Er reduzierte es aus Aluminiumchlorid und verwendete reines Kalium. Seine Methode, die später von Friedrich Wöhler verbessert wurde, blieb bis zur Einführung der industriellen Elektrolyse 1880 der eigentliche Weg zur Veredlung des Metalls.

In gewisser Hinsicht war es kein Zufall, dass der Däne Ørsted diese Entdeckung machte. Er glaubte in Übereinstimmung mit der Philosophie Immanuel Kants (der kurz zuvor auf der anderen Seite der Ostsee verstorben war) stark daran, dass alle wissenschaftliche Phänomene als verschiedene Facetten der gleichen fundamentalen Ordnung der Natur verbunden waren. Dennoch scheint er die eigentliche Entdeckung, für die er in Erinnerung geblieben ist, zufällig gemacht zu haben.

Ørsted war Dozent an der Universität Kopenhagen, wo er Elektrizität und Akustik erforschte. Während eines Vortrags bemerkte er, dass, wenn er den Strom von einer Voltaschen Säule durch einen Draht leitete, dieser einen Kompass dazu brachte, vom Norden weg zu schwingen und auf den Draht zu zeigen. Als er den Strom abschaltete, drehte sich die Kompassnadel zurück nach Norden. Obwohl sich nur wenige seiner Zuhörer dafür interessierten, begriff Ørsted sofort, was das bedeutete: Der elektrische Strom machte den Draht – aller Wahrscheinlichkeit nach aus Kupfer – zeitweilig zu einem Magneten. (Elektromagnete arbeiten ganz genau so und werden als Magnete verwendet, die sich an- und abschalten lassen.)

Ørsted dachte, dass der Magnetismus von dem Draht ausginge, genau wie Wärme oder Licht ausgestrahlt werden. (Es war zu der Zeit eine verbreitete Annahme, dass Elektrizität eine Art flüssiges Licht sei, und dass die beiden

Hans Christian Ørsted überprüft seine Entdeckung, während ein Assistent im Vortragssaal von Kopenhagen die Drähte an eine Voltasche Säule anschließt.

Phänomene irgendwie verbunden waren.) Innerhalb weniger Monate hatte André-Marie Ampère gezeigt, dass elektrische Ströme, die in unterschiedlichen Richtungen liefen, eine abstoßende magnetische Kraft hatten, während elektrische Ströme, die in die gleiche Richtung liefen, sich gegenseitig anzogen.

Obwohl er nicht in der Lage war zu erklären, was die Elektrizität mit dem Magnetismus verband, zeigte Ørsted, dass in allen Materialien eine zweiwegige Kraft wirkte, die Energie von einer Masse zur anderen transferierte. In den folgenden Dekaden sollte dieser Elektromagnetismus zu der Kraft werden, die die Chemie vorantrieb.

50 Das Ende der Vitalkraft

EINE DER LETZTEN THEORIEN DER ALTEN GRIECHEN, DIE INS WANKEN GERIET, WAR DIE DIE VITALKRAFT. Auch hierbei war ein wenig Glück im Spiel.

Die Chemie hatte im Jahrhundert zuvor viele große Sprünge gemacht, doch die Wissenschaftler des frühen 19. Jahrhunderts pflegten dennoch den alten Glauben oder Aberglauben, dass die Chemie des Lebens nicht von den gleichen Gesetzen regiert würde wie die anorganischer Substanzen. Ein lebendiger Körper war von einer vitalen Kraft durchdrungen, die dem ansonsten leblosen Material Leben verlieh. Demzufolge glaubte man, dass die organischen Verbindungen, aus denen Zellen und Gewebe bestanden, zwar analysiert werden konnten (und viele hatten das zu diesem Zeitpunkt getan), sich aber nicht synthetisch aus anorganischem Material bilden ließen. Als Beweis zeigten die Chemiker, wie organische Verbindungen „kochten", oder denaturierten, wenn man sie erhitzte, und sich in einem nicht umkehrbaren Prozess in unbelebte, anorganische Stoffe verwandelten.

EIN ARZT AUS PERGAMON

Die Idee von einer Vitalkraft, der Vitalismus, wird auf den griechischen Arzt Galen zurückgeführt. Er war u. a. Chirurg der Gladiatoren in Rom und Pergamon und hatte viele Gelegenheiten, lebendiges und totes Gewebe zu untersuchen. Er war überzeugt, dass der Körper mehr als nur anatomische Strukturen brauchte, um zu leben.

Galen (Galenos von Pergamon) hält in Rom einen Vortrag über die Anatomie.

Die Herstellung von Harnstoff

1828 wurde Friedrich Wöhler zum Mitentdecker von Beryllium, doch er ist eher bekannt für seine Versuche, im gleichen Jahr Ammoniumcyanat herzustellen, eine theoretische Verbindung von Stickstoff, Kohlenstoff und Sauerstoff. Dabei kam Harnstoff heraus. 100 Jahre zuvor hatte man den Harnstoff als wesentlichen Bestandteil des Urins von Säugetieren entdeckt. Sein Molekül bestand aus den gleichen Atomen wie Ammoniumcyanat, das sich spontan in Harnstoff zu verwandeln schien. Wöhler war über einen Weg gestolpert, eine organische Verbindung aus anorganischem Material herzustellen. Das war der erste Hinweis darauf, dass auch die Prozesse, die das Leben antrieben, chemische sind.

Friedrich Wöhler war Assistent von Jöns Jakob Berzelius und ein Freund von Hans Christian Ørsted.

51 Elektrische Kräfte

JÖNS JAKOB BERZELIUS ENTDECKTE ALS ERSTER DIE VERBINDUNG ZWISCHEN ELEKTRISCHEN KRÄFTEN UND ATOMVERKNÜPFUNGEN. Doch sein ursprüngliches Interesse lag anderswo.

Im Berzelius-Museum in Stockholm ist auch das Labor des Wissenschaftlers zu sehen.

Berzelius erhielt seine medizinische Ausbildung, als die Voltasche Säule erfunden wurde und der junge Arzt begann, Patienten zu therapeutischen Zwecken mit Stromstößen zu behandeln. Er hatte keinen Erfolg damit, doch führten seine weiteren elektrolytischen Experimente zu einem der umwälzendsten Beiträge auf dem Feld der Chemie. Während seiner ganzen Karriere sprach sich Berzelius für die „dualistische Theorie der chemischen Stoffe" aus, nach der Teilchen elektropositiv, elektronegativ oder unipolar sein können und dementsprechend einige Atome Bindungen eingingen (und andere nicht), weil sie von gegensätzlichen elektrischen Ladungen angezogen wurden. Seine Vorstellung konnte er in Bezug auf anorganische Verbindungen nachweisen, aber weniger, wenn es um organische Substanzen ging. Manche Chemiker gingen deshalb davon aus, dass diese eine andere Art von Bindung eingehen mussten.

52 Ionen oder Radikale

NUN BETEILIGTE SICH EINER DER GRÖSSTEN WISSENSCHAFTLER, MICHAEL FARADAY, AN DER DEBATTE ÜBER DIE ROLLE DES ELEKTROMAGNETISMUS IN DER CHEMIE. Er schlug kleine, aber signifikante Änderungen an Berzelius' Theorie vor.

Michael Faraday verbrachte seine ersten beruflichen Jahre im Schatten eines anderen großen Wissenschaftlers. Mehr als ein Jahrzehnt lang war er der Assistent von Humphry Davy. Faraday selbst entdeckte Benzol, das sich später als eine fundamentale organische Verbindung erwies. Er machte sich die Arbeiten von Davy und William Hyde Wollaston zunutze, um 1821 einen winzigen elektrischen Motor zu entwickeln – und zog dabei den professionellen Zorn dieser beiden Mentoren auf sich.

Faraday beschäftigte sich intensiv mit der Elektrolyse, der analytischen Technik, die sein Vorgesetzter so herausragend gemeistert hatte. Er legte offen, dass die Menge des von

ELEKTROMAGNETISCHE INDUKTION

Faraday ist berühmt für die Entdeckung der Induktion im Jahre 1831. Elektrischer Strom wird dabei durch einen Draht oder anderen Leiter geschickt, der sich durch ein Magnetfeld bewegt. (Zeitgleich und unabhängig soll auch Joseph Henry diese Entdeckung gemacht haben.) Dieses Phänomen wird auch in einem elektrischen Generator oder einem Elektrizitätswerk genutzt, wo Bewegungsenergie in elektrischen Strom umgewandelt wird.

Faraday bei der Weihnachtsvorlesung 1858 an der Royal Institution, bei der er u. a. die elektromagnetische Induktion vorführte.

Faraday (rechts) zeigt John Frederic Daniell seine Laborausrüstung. Der englische Chemiker entwickelte eine starke elektrische Zelle, die mehr Elektrizität produzieren konnte als frühere Säulen und Batterien.

der Elektrizität zerlegten Materials proportional zur Menge des Stroms war. Dies bedeutete auch, dass die Energie der Elektrizität auf die Verbindungen übertragen wurde und sie veranlasste, sich in einfachere Bestandteile zu spalten.

Faraday stellt die These auf, dass Elektrizität mittels der Bewegung geladener Körper namens Ionen (vom griechischen Wort für „Wanderer") durch eine Lösung oder geschmolzene Flüssigkeit zwischen den Elektroden (ein von Faraday gebildeter Begriff) floss. Daraus ergab sich, dass Moleküle von Kräften zusammengehalten wurden, die zwischen den Ionen verschiedener und entgegengesetzter Ladungen agierten. Berzelius war nicht seiner Meinung, dass sich Atome in Ionen verwandelten, und präferierte die Vorstellung, dass jedes Atom einen positiven und einen negativen Pol hatte, der die Pole anderer Atome im Molekül anzog (und abstieß).

Neologismen

Faraday brauchte eine neue Sprache, um seine Theorie beschreiben zu können. Er bat seinen Freund William Whewell um Rat bezüglich einer neuen Terminologie. Whewell, der auch den Begriff Wissenschaftler als Alternative für den „Naturphilosophen" eingeführt hatte, schlug die Anode und Kathode für die beiden Elektroden vor. Anionen sind die Ionen, die immer zur Anode wandern, Kationen wandern zur Kathode. Diese Begriffe werden auch heute noch verwendet, ein Hinweis darauf, welche Theorie sich als die richtige erwiesen hat!

53 Katalysatoren

EINIGE CHEMISCHE INTERAKTIONEN HÄNGEN VON DER ANWESENHEIT EINER DRITTEN SUBSTANZ AB, OHNE DIE EINE REAKTION KAUM STATTFINDET, ODER GAR NICHT. Bis man 1830 den hilfreichen Substanzen den Namen Katalysatoren gab, war das Phänomen nicht anerkannt.

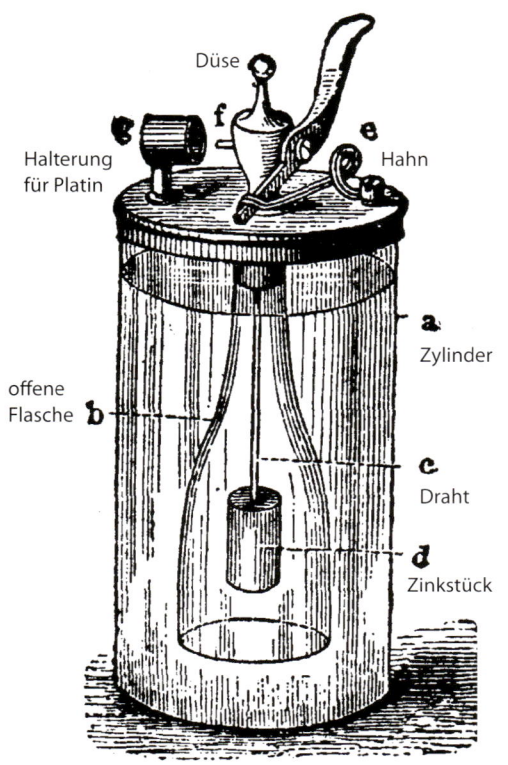

Düse
Halterung für Platin
Hahn
offene Flasche
Zylinder
Draht
Zinkstück

Döbereiners Platinfeuerzeug war eines der ersten Feuerzeuge und im 19. Jahrhundert weit verbreitet. Es wurde schließlich durch die Verwendung von Kohlenwasserstoffbrennstoffen wie Paraffin, Methan und Benzin verdrängt.

Die Idee von einem Katalysator war nicht neu: In gewisser Hinsicht ist Hefe der Katalysator bei der Gärung von Wein und Bier, zumindest bis der Alkoholgehalt sie abtötet. Doch im 19. Jahrhundert musste auch der Prozess anorganischer Katalyse noch von der Chemie erforscht werden.

1823 entwarf der deutsche Chemiker Johann Wolfgang Döbereiner ein einfacheres System – und das erste Feuerzeug –, das durch die Verbrennung von Wasserstoffgas mithilfe eines Katalysators eine Flamme produzierte. Das Gas wurde in einem Glas durch die Reaktion von Zink mit Schwefelsäure produziert. Es wurde über eine Öffnung freigesetzt und dabei durch ein Platinnetz geleitet. Der Kontakt mit dem Metall sorgte dafür, dass das Gas das Zink in der Luft verbrannte – es verband sich mit Sauerstoff zu Wasser. Ohne das Platin wäre der Wasserstoff einfach entwichen und hätte vielleicht eine gefährliche Explosion hervorgerufen. Während Zink und Säure durch den Gebrauch aufgezehrt wurden, blieb das Platin immer erhalten– es war der eigentliche Katalysator: Ohne das Platin fand die Reaktion nicht statt, es wurde aber bei der Reaktion nicht verbraucht.

Barrieren beseitigen

Jöns Jakob Berzelius fand, wie schon so oft zuvor in anderen Bereichen der Chemie, den richtigen Namen für das Phänomen. 1836 leitete er das Wort Katalyse vom griechischen Wort für „Auflösung" ab, in Anlehnung daran, wie der Katalysator in der Lage war, die Barrieren für eine Reaktion zu beseitigen. Zuvor hatte man von „Kontaktverfahren" gesprochen, was aber auch sehr intuitiv war, da die meisten Katalysatoren wahrscheinlich über einen Oberflächeneffekt arbeiten. Die Reaktanten werden vorübergehend auf der Oberfläche des Katalysators gehalten. Das kann nicht gebundene Teilchen einander nah genug bringen, damit sie eine Bindung eingehen, oder es kann ein größeres Molekül so unter Druck setzen, dass es sich spaltet. Die resultierenden Substanzen lösen sich dann ab und hinterlassen den unveränderten Katalysator.

FAHRZEUGKATALYSATOR

Platin ist neben Rhodium der Hauptkatalysator in Fahrzeugkatalysatoren. Es dient dabei der Umwandlung ätzender und toxischer Gase in weniger schädliche Substanzen und der Reduzierung von Smog. So werden die Stickstoffoxide durch den Katalysator geleitet und dabei zu reinem Stickstoff reduziert, Kohlenmonoxid und nicht verbrannte Benzingase oxidieren zu Kohlendioxid und Wasser. Der Katalysator benötigt bleifreies Benzin, denn die Bleizusätze legen sich sonst in einer Schicht auf dem Katalysatornetz ab und machen es nutzlos.

Der wertvolle Metallkatalysator bildet eine dünne Beschichtung über dem Netzkern aus Keramik.

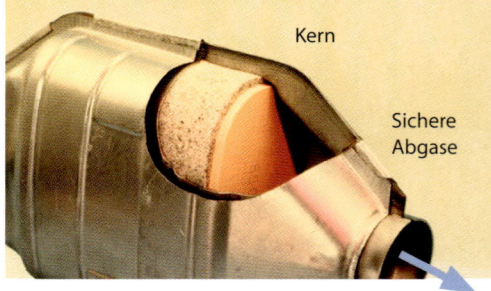

Kern

Sichere Abgase

54 Chiralität

KEIME

Louis Pasteur ist vor allem für den Nachweis bekannt, dass Krankheiten und Epedemien durch winzige Keime und nicht etwa spontan dadurch verursacht werden, dass man „schlechter" Luft ausgesetzt ist. Pasteur entwickelte die „Pasteurisierungstechnik", mit der Flüssigkeiten wie Wein, Milch und Säfte durch kurze Erhitzung sterilisiert werden. Dabei werden die Keime abgetötet, der Geschmack bleibt jedoch weitgehend erhalten.

EIN JAHRHUNDERT BEVOR ES MÖGLICH WAR, AUCH NUR RUDIMENTÄRSTE ABBILDUNGEN DER GRÖSSTEN MOLEKÜLE ZU MACHEN, fand Louis Pasteur einen Weg, wortwörtlich die Form der Moleküle zu beleuchten.

Das *Isomer* ist ein weiteres Wort, das wir dem schwedischen Chemiker Berzelius verdanken. Es war 1830 seine Antwort auf die Arbeit seines Schützlings Friedrich Wöhler, der herausgefunden hatte, dass Cyansäure und Fulminsäure aus den gleichen Elementen bestanden, aber sehr unterschiedliche Eigenschaften hatten. Die Antwort lautete: sie waren Isomere. Ihre identischen Bestandteile waren in unterschiedlichen Strukturen arrangiert.

Optische Identifizierung

1848 untersuchte der französische Chemiker Louis Pasteur Weinsäure (auch: Weinsteinsäure), eine natürlich vorkommende kristalline Substanz, die dem Wein seinen säuerlichen Geschmack verleiht. 16 Jahre zuvor hatte Jean-Baptiste Biot festgestellt, dass die aus Wein gewonnenen Kristalle dieser Säure polarisiertes Licht drehen konnten. (Polarisiertes Licht besteht aus Wellen, die in der gleichen Ebene schwingen – eine Rotation des Lichtes ändert die Richtung dieser Ebene.) Pasteur wollte wissen, warum im Labor synthetisierte Weinsäure das nicht tat, obwohl sie doch chemisch identisch mit der natürlichen Weinsäure war. Er untersuchte die „synthetischen" Säurekristalle unter dem Mikroskop und sah, dass es zwei Arten, spiegelverkehrte Abbildungen voneinander gab. Nachdem er sie aussortiert hatte, bemerkte er, dass jede Gruppe polarisiertes Licht in die entgegengesetzte Richtung drehte. Er hatte die Chiralität entdeckt, bei der die Isomere spiegelbildliche Abbildungen voneinander sind. Viele natürliche Substanzen, wie z. B. Glukose, sind chiral und werden doch nur in einer Form produziert.

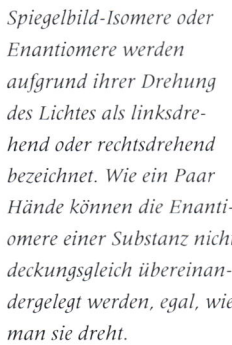

Spiegelbild-Isomere oder Enantiomere werden aufgrund ihrer Drehung des Lichtes als linksdrehend oder rechtsdrehend bezeichnet. Wie ein Paar Hände können die Enantiomere einer Substanz nicht deckungsgleich übereinandergelegt werden, egal, wie man sie dreht.

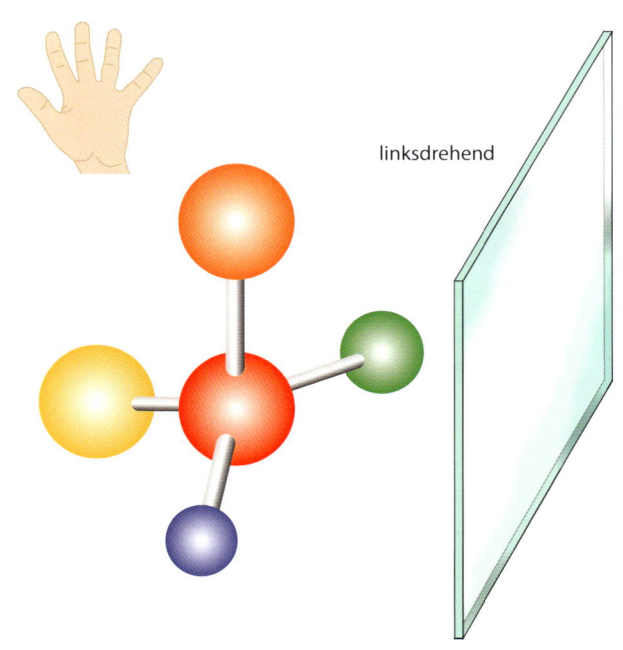

linksdrehend

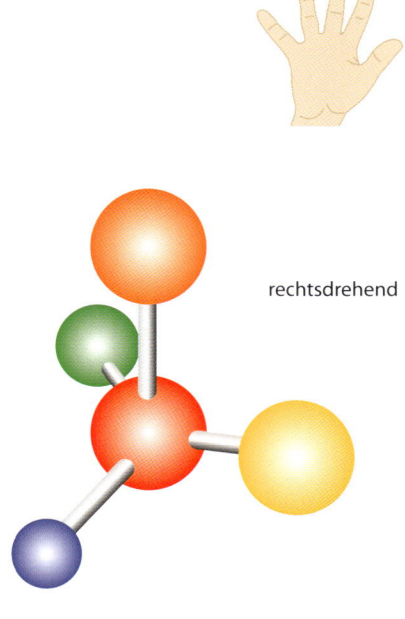

rechtsdrehend

55 Wertigkeit und Moleküle

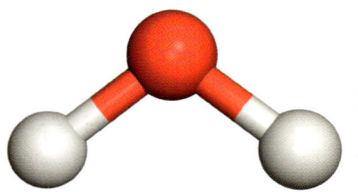

DAS INTERESSE AN DER ANORGANISCHEN CHEMIE FÜHRTE ZU EINEM KONZEPT, das zum weiteren Verständnis der Atome und ihrer Verbindung beitrug.

Dieses Wassermolekül zeigt, dass Sauerstoff (rot) die Wertigkeit 2 und Wasserstoff (weiß) die Wertigkeit 1 hat.

VERSCHIEDENE WERTIGKEITEN

Die ungewöhnliche Atomstruktur der Übergangmetalle, die in der Mitte des Periodensystems dargestellt sind, verleiht ihnen eine variable Wertigkeit. So können Manganatome zum Beispiel bis zu sieben verschiedene Bindungen eingehen! Diese Vielfalt verleiht den Verbindungen von Übergangsmetallen eine breite Farbpalette (unten).

Edward Frankland begann seine berufliche Laufbahn als Apothekergehilfe in Lancaster, wo er Arzneien zubereitete. Durch gute Kontakte wurde er Assistent im Labor der Geologischen Gesellschaft in London, wo er den Deutschen Robert Bunsen kennenlernte, der zwar noch nicht berühmt, aber bereits einflussreich war. Frankland studierte zwei Jahre lang bei Bunsen in Marburg. Ab 1853 war er der erste Chemieprofessor der Universität Manchester.

In den 1850er-Jahren entdeckte Frankland, dass er Zink und andere Metalle mit organischen Verbindungen kombinieren und Substanzen schaffen konnte, die er „metallorganische Verbindungen" nannte. Er fand heraus, dass eine fixe Menge Metall bei jeder Synthese verbraucht wurde, diese aber von Metall zu Metall variierte. Das zeigte, dass die Atome von Metallelementen sich nicht alle auf die gleiche Art verbanden, sondern einen bestimmten „Kombinationswert" hatten. Später wurde dafür der Begriff Wertigkeit oder Valenz verwendet, der die maximale Anzahl von Bindungen angibt, die ein Atom innerhalb eines Moleküls eingehen kann. Wasserstoff und Chlor haben die Wertigkeit 1, während Sauerstoff die Wertigkeit 2 hat. Das verblüffendste Element jedoch war Kohlenstoff, der in allen organischen Verbindungen vorhanden war und die Wertigkeit 4 besaß.

56 Der Bunsenbrenner

ALS ROBERT BUNSEN EINE NEUE STELLE IN HEIDELBERG ANTRAT, ARBEITETE ER IN EINEM LABOR, DAS MIT KOHLENGAS VERSORGT WURDE, einem brennbaren und toxischen Gas (wegen des Kohlenmonoxids), das bei der Kohlenröstung freigesetzt wurde.

Bunsen wollte das Gas als Licht- und Wärmequelle nutzen und entwarf einen Brenner, der beides lieferte. Luftlöcher nahe der Basis sorgten dafür, dass Gas und Luft vor der Entzündung sorgfältig vermischt wurden und eine hohe, leuchtend gelbe Flamme erzeugten. Die Öffnung eines Kragens an der Basis erhöhte den Luftzug und ergab eine blaue, heiße Flamme (mit minimalem Ruß), die sich bestens für die Erhitzung von Glasmaterial eignete. Chemiestudenten begannen 1855, den Bunsenbrenner zu verwenden und tun es noch heute.

Die Flamme des Bunsenbrenners hat innen einen charakteristischen blauen Kegel. Moderne Brenner werden mit Methan oder Propan gespeist, weil diese Gase weniger giftig sind und heißer brennen als das ursprüngliche Kohlengas.

DIE GLÜHENDE VORRICHTUNG SCHUF NICHT NUR DIE VERBINDUNG ZWISCHEN LICHT, ELEKTRIZITÄT UND ATOMEN, sondern stellte auch den ersten Schritt zu Radio-, Fernsehen- und Computertechnologie dar.

Die Geißlerröhre ist nach ihrem Erfinder Heinrich Geißler benannt. Er baute an der Universität Bonn wissenschaftliche Apparaturen und wurde Ende der 1850er-Jahre von Julius Plücker beauftragt, eine Glasröhre herzustellen, die innen ein fast vollständiges Vakuum enthielt. Geißler war ein begabter Glasbläser, doch sein wichtigster Beitrag war die Pumpe, mit der Quecksilber verdrängt werden konnte. Sie zog Luft aus der Röhre und blockierte die nachdrängende Luft.

Plücker entfernte so viel Gas wie möglich aus der Röhre und leitete dann so viel elektrischen Strom hindurch, wie er aus den damaligen Batterien gewinnen konnte. Der Strom ließ das Gas schwach glühen – ein Vorgeschmack auf die Neonlichter des frühen 20. Jahrhunderts. Plücker stellte fest, dass die leuchtende Entladung von einem Magneten angezogen wurde und dass jedes Gas in einer bestimmten Farbe leuchtete. Beide Phänomene sollten den Wissenschaftlern bald Zugang zum inneren Geschehen der Atome geben.

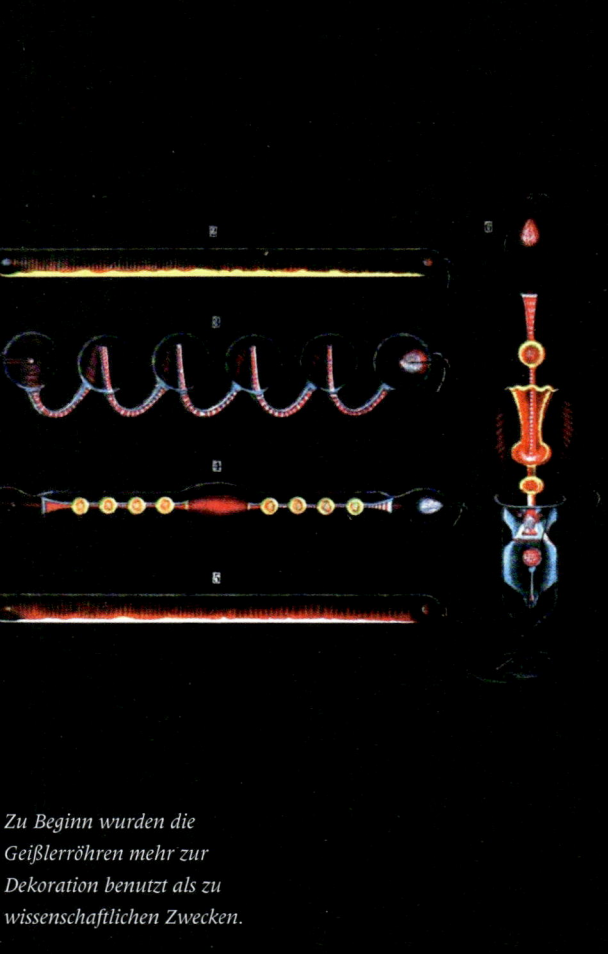
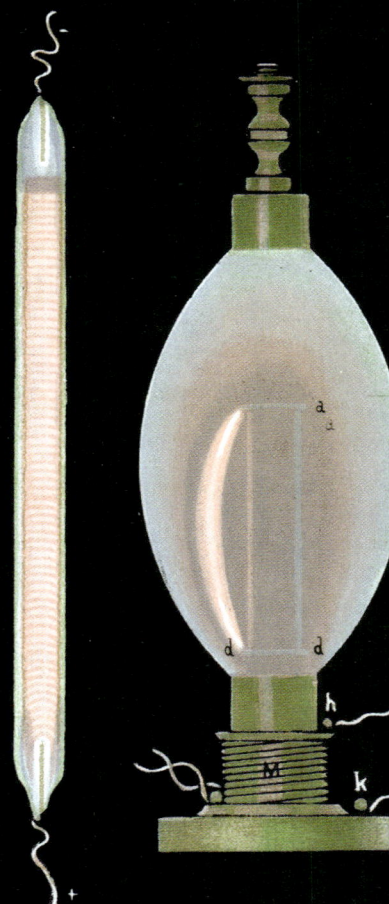

Zu Beginn wurden die Geißlerröhren mehr zur Dekoration benutzt als zu wissenschaftlichen Zwecken.

58 Das erste Plastik

**HEUTE IST PLASTIK GANZ UND GAR NICHT EXOTISCH. DAS MATERIAL IST ALLGEGEN-
WÄRTIG UND WIRD FÜR FAST ALLES VERWENDET, WAS BILLIG UND WEGWERFBAR
IST.** Doch im 19. Jahrhundert stand Plastik für die außergewöhnliche Ei-
genschaft, einer Substanz fast jede erwünschte Form geben zu können.

*Zwei Spangen aus Parke-
sine aus dem Jahre 1860.
Die Pigmente wurden
mit dem weichen Plastik
vermischt, bevor es gegossen
wurde.*

Die ersten Plastikmaterialien wurden aus natürlichen Produkten gewonnen.
Horn und Walknochen dienten der Herstellung robuster und dennoch
biegsamer Dinge, Schellack war ein formbares Harzsekret, das von der
Lackschildlaus ausgeschieden wurde und natürlicher Gummi wurde
aus einem milchigen Pflanzensekret hergestellt. 1856 synthetisierte
der Engländer Alexander Parkes eine Substanz, die all diese Eigenschaften hatte. Er tauf-
te sie Parkesine und trug zu ihrer Herstellung Salpetersäure auf Cellulose auf, das faserige
Material, das alle Pflanzen und insbesondere Holz (und deshalb auch Papier) enthalten.
Dabei verbanden sich die langen Moleküle der Cellulose mit Kreuzverbindungen zu einem
festen Stoff. Parkesine wurde durch Erwärmung weicher und ließ sich dann beliebig formen.
Parkesine war kein kommerzieller Erfolg, doch bis 1870 hatte man daraus Zelluloid raffiniert, das vor allem durch die daraus hergestellten Filmstreifen für Fotografie und Kinofilm
berühmt wurde.

59 Kohlenstoffchemie

**DIE ENTDECKUNG DER ATOMWERTIGKEIT UND DER VIERWERTIG-
KEIT VON KOHLENSTOFF ERSCHLOSS DIE GEHEIMNISSE DER
ORGANISCHEN CHEMIE,** und zwar 1858 durch die Arbeit
von Friedrich August Kekulé. Das geschah jedoch vor
dem Hintergrund vieler Theorien, die im Jahrzehnt zuvor
von anderen entwickelt worden waren.

Die einfache Verbrennung lehrte die Chemiker, dass organische Verbindungen Kohlenwasserstoffe waren, Verbindungen, die hauptsächlich aus Kohlenstoff und Wasserstoff bestanden und Kohlendioxid und
Wasser produzierten, wenn sie verbrannt wurden. Doch es war nicht
bekannt, wie diese Elemente und andere, wie Sauerstoff und Stickstoff, sich verbanden. Friedrich Wöhler hatte nachgewiesen, dass organische Verbindungen zumindest einige Eigenschaften mit den anorganischen Verbindungen gemein haben mussten. Er und sein Kollege
Justus Liebig (der Erfinder des für die Labordestillation verwendeten

*Friedrich August Kekulé berichtete, er habe von
Kohlenstoffketten geträumt.*

Liebigkühlers) hatten auch nachgewiesen, dass die Anordnung der Atome und die Form des Moleküls, das sie auf kleinster Ebene bildeten, ausschlaggebend für die Eigenschaften waren, die sie auf größerer Ebene zeigten. Ihr französischer Zeitgenosse Jean-Baptiste Dumas schlug vor, dass Kohlenstoff- und Wasserstoffanhäufungen, oder Radikale, den Kern der Verbindungen bildeten und von den Polladungen zusammengehalten wurden, die Berzelius beschrieben hatte. Bald wurden die Ethylen- (zwei Kohlenstoffatome) und Methylradikale (ein Kohlenstoffatom) identifiziert.

Doch während Frankland die Wertigkeit durch metallorganische Chemie aufdeckte, wurde Dumas' Theorie von Halogenkohlenwasserstoffen/organischen Halogeniden auf die Probe gestellt. Dumas stellte zufällig fest, dass Chlor (und andere Halogene) in organischen Verbindungen den Platz von Wasserstoff einnehmen konnten, was Faraday und andere bestätigten. Nach Berzelius' dualistischer Theorie war Wasserstoff eines der positiv geladenen Elemente, während Chlor eine negative Ladung hatte. Wie konnte ein Radikal eines gegen das andere austauschen? Berzelius schlug fast verzweifelt vor, dass Chlor mit dem Radikal „kopulierte", seine Form veränderte und sich zu einem unterschiedlichen Teil verband. Das wurde jedoch verworfen, denn es kam einer Isomerie gleich, und solche eine Formveränderung hätte zu einer Veränderung der Eigenschaften geführt, die aber bei dem neuen organischen Halogenid nicht ersichtlich war.

Dann kam August Kekulé inss Spiel. Da jedes Kohlenstoffatom mit maximal vier anderen Atomen verbunden war, folgerte er, dass Kohlenstoffatome lange, verzweigte Ketten und Ringe bilden konnten. Solche Strukturen formten ein „Skelett", um das sich andere Atome, insbesondere Wasserstoffatome, anordnen konnten. In Kekulés ersten Strukturformeln zu dieser Theorie sind die Atome noch ungenau verknüpft – eine Vorschau unserer noch heute unscharfen Darstellung von Atombindungen. Dank Kekulé haben organische Verbindungen ein Muster: Methan besteht aus einem Kohlenstoff- und vier Wasserstoffatomen, während Ethan aus zwei miteinander verbundenen Kohlenstoffatomen und drei Wasserstoffatomen an jedem von ihnen besteht; gefolgt von Propan, Butan, Pentan und vielen weiteren.

1859 begann die Erdölförderung in Titusville, Pennsylvania; es wurde zunächst als Quelle für Brennstoff und später auch als Rohmaterial für die chemische Industrie verwendet

NAMENSGEBUNG

Kohlenstoffketten werden nach der Anzahl der Kohlenstoffatome in ihrem längsten Abschnitt benannt. Die Seitenzweige, oder Alkylgruppen, werden ebenfalls nach der Anzahl der Kohlenstoffatome benannt. So ragt bei 2-Methylbutan ein Methyl aus dem 2. Kohlenstoffatom der Butankette heraus.

Vorsilbe	Anzahl C-Atom
Meth-	1
Eth-	2
Prop-	3
But-	4
Pent-	5
Hex-	6
Hept-	7
Oct-	8
Non-	9
Dec-	10

60 Spektroskopie

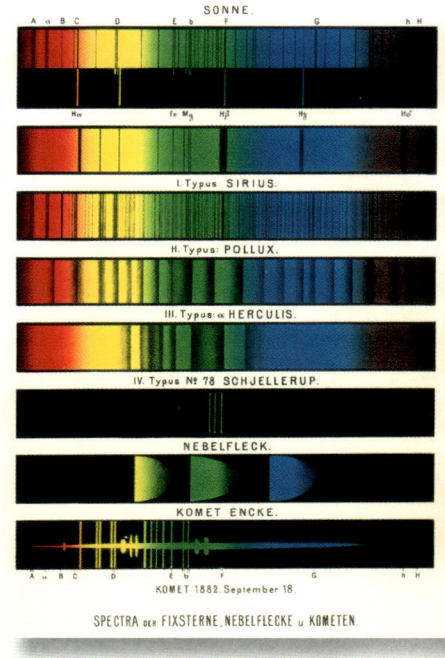

DIE CHEMIKER ERKANNTEN, DASS DIE FLAMMEN BRENNENDER SALZE UND ANDERER VERBINDUNGEN FARBEN HATTEN, die auf die Metallelemente in ihnen zurückzuführen waren. Die Analyse dieser Farbwerte führte zu einer ganz neuen Wissenschaft.

Der Flammentest war eine effektive Methode, um allzu ähnliche weiße Salze zu unterscheiden. Eine orangefarbene Flamme zeigte die Präsenz von Natrium an, während eine fliederfarbene nachwies, dass das Salz Kalium enthielt. Das gespenstische Leuchten aus einer Geißlerröhre verlieh der Idee noch mehr Gewicht, dass Elemente eine Art Farbsignatur hatten. Für den Nachweis verwendete Robert Bunsen seinen neuen Gasbrenner. Der Bunsenbrenner produzierte eine reine und konstante Quelle intensiver Wärme mit einer blass blauen Flamme, welche die Farbe der brennenden Probe nicht allzu sehr beeinträchtigte. Dennoch fiel es Bunsen schwer, die wirkliche Farbe der Probe herauszufiltern. Dann kam Gustav Kirchhoff, der Kollege aus Heidelberg, hinzu. Er schlug vor, das Licht in seine Farbbestandteile aufzuspalten und dafür ein Prisma zu verwenden, wie Isaac Newton es bereits 200 Jahre zuvor bei seiner bahnbrechenden Arbeit über die Optik und das Spektrum getan hatte.

ABSORPTION UND EMISSION

Der Spektroskopie liegen drei Gesetze von Kirchhoff zugrunde: 1) Heiße Feststoffe produzieren ein volles Farbspektrum (weißes Licht); 2) Heiße Gase (wie eine Flamme) glühen mit einem bestimmten Satz von Farben (ihrem Emissionsspektrum); 3) Kalte Gase absorbieren bestimmte Farben vom weißen Licht und hinterlassen dunkle Linien im vollem Spektrum (wie oben sichtbar).

Das Spektrometer von Bunsen und Kirchhoff fokussierte das Licht der Flamme auf ein zentrales Prisma, welches das Licht in ein separates Skalenrohr leitete.

Spektrometer

Joseph von Fraunhofer hatte 1814 ein Gerät für die Analyse des Sonnenlichtes erfunden. Er entdeckte, dass das volle Farbspektrum von dunklen Linien durchsetzt war und einige Farben fehlten. Das Spektrometer von Bunsen und Kirchhoff zeigte, dass die Farben der Flammen kein volles Spektrum hatten, sondern eine Handvoll Farben umfassten, die aus einer Reihe von schwachen Linien bestand. Die Wissenschaftler wiesen nach, dass jedes Element einem spezifischen Farbspektrum zuzuordnen war, anhand dessen man es identifizieren konnte. 1859 nutzten sie ihr Spektrometer, um die Präsenz zweier neuer Metallelemente nachzuweisen: Caesium und Rubidium, die beide Ähnlichkeiten mit Natrium und Kalium aufwiesen. Die Spektroskopie zeigte, dass Licht allen Elementen gemein war.

61 Karlsruher Kongress

1860 LUDEN AUGUST KEKULÉ UND EINIGE SEINER KOLLEGEN DIE CHEMIKER DER GANZEN WELT ZU EINER KONFERENZ EIN. Der wichtigste Diskussionspunkt bei dem Treffen in Karlsruhe war, wie man die bekannten Elemente am besten organisieren und sich auf ein System für die Atommasse einigen könnte.

Im September 1860 waren für drei Tage alle, die in der Welt der Chemie etwas galten, beim Karlsruher Kongress zugegen. Es war die erste internationale Chemiekonferenz. Alle Abgeordneten (mit der Ausnahme eines Mexikaners) kamen von europäischen Universitäten, unter ihnen auch so bekannte Persönlichkeiten wie Dumas und Bunsen.

    Ein weniger bekannter Teilnehmer war der Italiener Stanislao Cannizzaro; er setzte sich dafür ein, die Arbeit seines verstorbenen Landsmannes Amedeo Avogadro als eine Methode zur Berechnung der Atommasse zu verwenden. Cannizzaro wurde bei der Tagung weitgehend ignoriert, bis sein Pamphlet am letzten Tag in die Hände von Dmitri Mendelejew gelangte, Professor an der Universität von Sankt Petersburg. Vor Ende des Jahrzehnts sollte Mendelejew die im Avogadroschen Gesetz gebotenen konsistenten Atommassen verwenden, um damit das Periodensystem der Elemente selbst aufzubauen.

62 Entdeckung von Helium

DAS SONNENLICHT IST WEISS, EINE KOMBINATION ALLER FARBEN DES REGENBOGENS. Doch als man das Licht der Sonnenkorona durch ein Spektroskop beobachtete, entdeckte man noch mehr Farben – und ein ungewöhnliches Element.

Das nicht entzündbare Helium war mit seiner geringen Dichte für die Nutzung in modernen Luftschiffen eine sichere Alternative zu Wasserstoff.

Die Sonne sollte man nur während der Sonnenfinsternis durch ein Spektroskop betrachten (eine Kombination von Teleskop und Spektrometer), wenn das blendende Licht verdunkelt ist und nur die Korona sichtbar bleibt. 1868 sahen Pierre Janssen und Norman Lockyer beide unabhängig voneinander eine deutliche gelbe Linie im Licht des Sonnenkranzes, die von einem neuen Element herrühren musste. Sie tauften es Helium, nach dem griechischen Wort *helios* für „Sonne".

63 Das Periodensystem

DMITRI MENDELEJEW WIRD ALS VATER DES PERIODENSYSTEMS VEREHRT, DES WICH-TIGSTEN DOKUMENTS DES CHEMIE. Seine Tabelle war nicht der erste Versuch, die Elemente zu ordnen. Mendelejews Arbeit fußte natürlich auf den Ergebnissen anderer, doch seine Tafel hat die Prüfung der Zeit bestanden.

Die offensichtlichste Art und Weise, die Elemente zu organisieren, war das Atomgewicht (heute Atommasse genannt). So hatte es John Dalton 1803 gemacht. Doch 1860 gab es mehr Werte für Atomgewichte als bekannte Elemente – 1863 waren es 56, und in Mendelejews Periodensystem von 1869 sind bereits 64 aufgeführt. Da man sich noch nicht auf eine einheitliche Methode für die Berechnung von Atomgewichten geeinigt hatte, suchten die Chemiker, die die Elemente katalogisierten, nach anderen Mustern innerhalb der chemischen Eigenschaften der Elemente. Das war eine schwierige Aufgabe, denn, wie wir heute wissen, viele Elemente waren noch nicht entdeckt und es gab keinen kompletten Überblick.

Dmitri Mendelejew mit seinem typischen Bart Ende der 1890er-Jahre bei der Arbeit in seinem Büro in Sankt Petersburg.

Triaden und Oktaven

Johann Döbereiner hatte 1829 fünf Triaden (Gruppen von jeweils drei Elementen) im Durcheinander gefunden. Lithium, Natrium und Kalium waren eine davon, die drei bekannten Halogene eine andere. 1865 bemerkte der englische Chemiker John A. R. Newlands ein „Gesetz der Oktaven", nach dem die chemischen Eigenschaften der Elemente sich in jeder achten Position wiederholten und die Elemente somit in sieben Gruppen zu fallen schienen. Das ließ sich auch auf die Atomgewichte übertragen, die sich dank der Arbeit von Cannizzaro in Karlsruhe langsam verfestigten. Newlands erstellte eine Tafel, auf der jedes achte Element unter seinem Vorgänger positioniert war, der die gleichen Eigenschaften hatte. Diese Anordnung funktionierte gut für Döbereiners Triaden, doch die unvollständige Liste von Elementen bedeutete, dass Newlands woanders Lücken lassen musste. Sein Ansatz war sehr inkonsistent und nicht von allen anerkannt.

Typische Elemente			K = 39	Rb = 85	Cs = 133	—	—
			Ca = 40	Sr = 87	Ba = 137	—	—
			—	?Yt = 88?	?Di = 138?	Er = 178?	—
			Ti = 48?	Zr = 90	Ce = 140?	?La = 180?	Tb = 231
			V = 51	Nb = 94	—	Ta = 182	—
			Cr = 52	Mo = 96	—	W = 184	U = 240
			Mn = 55	—	—	—	—
			Fe = 56	Ru = 104	—	Os = 195?	—
			Co = 59	Rh = 104	—	Ir = 197	—
			Ni = 59	Pd = 106	—	Pt = 198?	—
H = 1	Li = 7	Na = 23	Cu = 63	Ag = 108	—	Au = 199?	—
	Be = 9,4	Mg = 24	Zn = 65	Cd = 112	—	Hg = 200	—
	B = 11	Al = 27,3	—	In = 113	—	Tl = 204	—
	C = 12	Si = 28	—	Sn = 118	—	Pb = 207	—
	N = 14	P = 31	As = 75	Sb = 122	—	Bi = 208	—
	O = 16	S = 32	Se = 78	Te = 125?	—	—	—
	F = 19	Cl = 35,5	Br = 80	J = 127	—	—	—

Die Anwendung der Wertigkeit

Mendelejew fügte Newlands' System die Wertigkeiten hinzu. Das gab ihm einen weiteren Parameter, um die bekannten Elemente zu positionieren und geeignete Lücken zu lassen, denn die Lücken in seinem System sollten die noch unbekannten Elemente darstellten. Es ist überliefert, dass Mendelejew ein begeisterter Patience-Spieler war. Er machte sich für jedes Element Karten, damit er sie auf unterschiedliche Weise anordnen konnte. Seine endgültige Version hatte eine Reihe von „Perioden", so genannt, weil sie den gleichen wiederkehrenden Rhythmus von Eigenschaften darstellten, den Newlands festgestellt hatte.

Die erste Periode enthielt nur Wasserstoff, denn Mendelejew akzeptierte die Existenz von Helium (des nächst schwereren Elements) erst 1902. Deshalb war für ihn das nächste verfügbare Element Lithium. Genau wie Wasserstoff hat es die Wertigkeit 1 und wurde somit zum ersten Element in der nächsten Periode. Darauf folgten Beryllium, Bor und Kohlenstoff, jedes mit höherem Gewicht und höherer Wertigkeit als sein Vorgänger.

Die nächsten drei Elemente, Stickstoff und Fluor, hatten abnehmende Wertigkeiten, aber auch Nichtmetall-Eigenschaften, die sie stark von den Metallen zu Anfang der Periode unterschieden. Das nächste Element war Natrium: Metallisch und mit einer Wertigkeit von 1, stand es am Anfang der nächsten Periode. Mendelejews Tafel funktionierte so gut, weil er, ohne zu wissen wie, die grundlegende Struktur der Atome reflektierte, die erst 40 Jahre später dargelegt wurde.

Das Periodensystem von Mendelejew aus dem Jahre 1869. In dieser frühen Version waren die Perioden in Spalten angeordnet. In der überarbeiteten Version aus dem Jahre 1871 waren die Perioden quer angeordnet und die Elemente mit gleichen Eigenschaften in Spalten gruppiert.

EIGENSCHAFTEN VORAUSSAGEN

Etwas gewagt nutzte Mendelejew sein Periodensystem, um die Eigenschaften noch nicht entdeckter Elemente vorauszusagen. Zwei Lücken gab es zwischen Zinn und Arsen. Die erste nannte Mendelejew Eka-Aluminium nach dem Metall, das im Periodensystem darüber angeordnet war; er sagte seine Wertigkeit, ungefähre Dichte und Schmelzpunkt voraus. Mit dem Nachbarn tat er das gleiche und nannte ihn Eka-Silicium. Der Russe hatte Recht: 1885 wurde Eka-Aluminium zu Gallium und Eka-Silizium zu Germanium.

64 Kathodenstrahlen

ALS DIE TECHNOLOGIE AUF DIE GEISSLERRÖHREN UMRÜSTETE, LEUCHTETEN DIE STRAHLEN NICHT NUR, SIE KONNTEN AUCH SCHATTEN WERFEN. Die geheimnisvollen Strahlen teilten Eigenschaften mit Elektrizität, Magneten und Licht.

Die Kathodenstrahlenröhre in Fernsehern arbeitete wie eine Crookes-Röhre (Schattenkreuzröhre).

Julius Plücker bewies, dass die Strahlen von der Kathode (links) ausgestrahlt wurden, indem er eine Anode in der Form eines Malteserkreuzes (rechts) benutzte. Wenn man die Anode flach legte, fluoreszierte der Balken das ganze Ende der Röhre. Wenn das Kreuz angehoben wurde, blockierte es die Strahlen und warf einen Schatten, doch der elektrische Strom ging genau wie zuvor durch die Röhre.

In den frühen 1870er-Jahren entwarf der englische Physiker William Crookes eine bessere, stärkere Gasentladungsröhre, die den in den 1850er-Jahren entwickelten Geißlerröhren ähnlich war. Crookes erfand eine neue Vakuumpumpe, welche die Gasmenge in der Röhre auf ein 10.000 Mal niedrigeres Niveau reduzierte als die Geißlerröhre. Darüber hinaus war die Stromspannung, die Crookes auf das Gas anwenden konnte, um ein Vielfaches höher als bei Geißlers Gerät.

Im dunklen Raum

Der Strom lief zwischen zwei Elektroden, der Anode und der Kathode, durch das verdrängte Gas. Crookes fand heraus, dass die Kombination von weniger Gas und mehr Elektrizität nicht nur zu einem helleren Leuchten führte. Der Bereich nah an der Kathode blieb dunkel, während das Leuchten sich immer mehr verstärkte, je näher es der Anode kam. Dort hatte es dann einen Balken geformt, der an der Anode vorbeiflog und am Ende der Röhre eine gespenstische Fluoreszenz formte.

Nach gesundem Menschenverstand musste der Strahlungsbalken von der Kathode ausgehen und nicht von der Anode; deshalb wurde das mysteriöse Licht, das man am besten in einer Dunkelkammer sehen konnte, Kathodenstrahlung genannt. Kathodenstrahlen hatten eine definitive Richtung und strahlten nicht rings herum von der Kathode ab, wie Wärme oder Licht es getan hätten. Die Strahlen wurden auch von Magnetfeldern gebogen. Bald sollte sich herausstellen, dass die Strahlen aus dem Inneren der Atome selbst kamen.

IN DIE RÖHRE GUCKEN

Eltern sagen oft, dass Kinder zu viel in die Röhre gucken. Sie beziehen sich natürlich auf das Fernsehen, das bis zur Entwicklung der Flachbildschirme Bilder mit Kathodenstrahlen übertrug. Die Kathodenstrahlenröhre war ein wenig fortschrittlicher als die Crookes-Röhre. In „alten" Fernsehgeräten emittiert ein elektrisch geladenes Metallstück Elektronenstrahlen, die von Magneten abgelenkt werden, sodass sie einen von Tausenden vielfarbigen, phosphoreszierenden Punkten auf dem Bildschirm treffen, der daraufhin aufleuchtet. Wiederholt man diesen Prozess Tausende von Malen in der Sekunde, entsteht ein Bild.

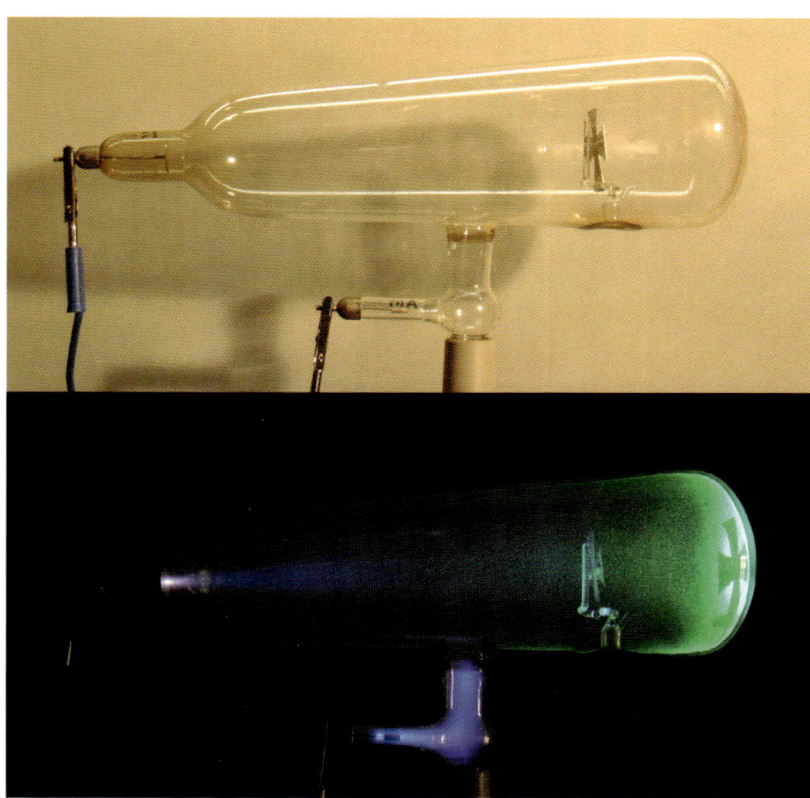

65 Halbleiter

MATERIALIEN, DIE ZUGLEICH ALS LEITER UND ISOLATOREN WIRKEN, BILDEN DIE BASIS UNSERER DIGITALEN TECHNOLOGIE. Der Moment, als dieses Phänomen entdeckt wurde, ist weitgehend in Vergessenheit geraten.

In den 1820er-Jahren erstellte der deutsche Physiker Georg Ohm das nach ihm benannte Gesetz, dem zufolge der Strom durch einen Leiter proportional zu der Stromspannung lief, die ihn antrieb. Der Koeffizient, der die beiden Werte verband, war der Widerstand. Bis in die 1870er-Jahre dachte man, dass der Widerstand ein weitgehend konstanter Wert sei. Wenn er so hoch war, dass kein Strom mehr floss, wurde das Material als Isolator oder Nichtleiter bezeichnet und als nicht relevant für das Ohmsche Gesetz.

Ferdinand Braun entdeckte die Halbleiter während er als Gymnasiallehrer arbeitete.

1876 präsentierte der junge Ferdinand Braun nach seinem Studienabschluss vor der Naturgesellschaft von Leipzig seine Entdeckung der „Abweichungen vom Ohmschen Gesetz". Braun hatte in Kristallen von Galenit – einer natürlich vorkommenden Form von Bleisulfid – und anderen Mineralen ungewöhnliche Eigenschaften gefunden. Er war nicht der Erste, der ihre Leitfähigkeit testete. Er benutzte dafür jedoch sehr feine, wie eine Nadel geformte Elektroden, die eine starke Verbindung zu den Kristallen herstellten. Braun vermerkte zwei Phänomene. Erstens agierten einige Kristalle als Leiter, als die Elektroden angesetzt wurden, doch dann wurden sie zu Isolatoren, wenn man die Stromrichtung umkehrte. Zweitens wurden Kristalle von Isolatoren zu Leitern, wenn die Stromspannung erhöht wurde und die zu beobachtende Erhöhung der Stromstärke stimmte nicht mit den Vorhersagen des Ohmschen Gesetzes überein.

Braun machte eine herausragende Karriere und gewann zusammen mit Guglielmo Marconi 1909 den Nobelpreis für seinen Beitrag zur Radiotechnologie. Er ist jedoch vor allem für seine Erfindung der Kathodenstrahlenröhre bekannt, die für Oszilloskope verwendet werden konnte und ein Vorläufer der ersten Fernsehröhren war.

VON DER ELEKTRIK ZUR ELEKTRONIK

Erst 60 Jahre später gand man heraus, was mit den Atomen von Silicium und anderen Halbleitern passierte. Als die Herausforderung gemeistert war, gab es einen plötzlichen Boom in der Elektronikindustrie. Doch Brauns erste Entdeckung war bereits praktisch in einem Gleichrichter verwendet worden, einem Gerät, das den Strom nur in eine Richtung fließen ließ und ihn in der anderen Richtung blockierte. Gleichrichter verwandeln Wechselstrom in Gleichstrom und waren ein wichtiges Bauteil der ersten Radiogeräte. Braun entdeckte außerdem, dass die elektrischen Eigenschaften von Halbleitern an- und abgeschaltet werden konnten. Genau deshalb werden sie in elektronischen Kreisläufen verwendet, wie in Mikroprozessoren von Computern.

Dutzende von integrierten Kreisläufen oder Mikrochips werden auf die Oberfläche eines Silicium-Wafers (eines Halbleiters) geätzt, eines einzigen makellosen Siliciumkristalls.

66 Aktivierungsenergie

DIE MEISTEN CHEMISCHEN PROZESSE BENÖTIGEN ZUMINDEST EINEN FUNKEN, UM SIE AUSZULÖSEN. Während einige Reaktionen, wie Natrium in Wasser oder Magnesium in starker Säure, spontan ablaufen, benötigen andere ein wenig Hilfe, um sie in Gang zu setzen. 1889 fand ein schwedischer Chemiker heraus, wie sich diese „Energiebarrieren" erklären ließen.

Svante Arrhenius bei der Arbeit in seinem Labor in Stockholm. Der Schwede ist für seine korrekte Theorie der elektrolytischen Dissoziation bekannt, die besagt, dass chemische Stoffe sich in hyperreaktive Wasserstoffionen dissoziieren und dadurch der saure Charakter entsteht. Für diesen Vorgang wurde später die Maßeinheit pH-Wert eingeführt.

Svante Arrhenius hat als einer der ersten Wissenschaftler die erwärmende Auswirkung von Kohlendioxid auf die Atmosphäre quantifiziert, den „Treibhauseffekt", der heute für einer der Hauptgründe für den Klimawandel ist. 1889 benutzte Arrhenius den Begriff „Aktivierungsenergie", um die Energiebarriere zu beschreiben, die zwei Reaktanten überwinden mussten, um eine Verbindung einzugehen. Je höher diese Aktivierungsenergie, umso weniger wahrscheinlich war es, dass eine Reaktion stattfand. Die Temperatur war ein Maß für die Energie in einer Substanz, die einen Durchschnitt für alle Teilchen in ihr angab. Sogar in kalten Proben konnten einige Moleküle die nötige Energie für eine Reaktion haben, damit der Prozess stattfand, aber nur langsam. Die Erwärmung der Probe fügte ihr Energie zu und erhöhte die Anzahl von Molekülen mit ausreichender Energie, um die Barriere zu überwinden und Produkte zu formen.

Beim Thermitschweißen wird das Eisen im Erz mit Aluminium verdrängt, um reines Eisen und große Hitze zu erzeugen. Die Aktivierungsenergie dieser Reaktion ist hoch – beinahe 2000°C – doch sie gibt wesentlich mehr Energie ab, als sie aufnimmt.

Enthalpie

Die Berechnung des Aktivierungskoeffizienten einer Reaktion (mit der sogenannten Arrhenius-Gleichung) machte es möglich zu zeigen, dass Reaktionen exotherm oder endotherm waren, wie Marcellin Berthelot in den 1890er-Jahren beschrieb. Die Produkte einer exothermen Reaktion haben weniger „Enthalpie", oder Gesamtenergie als die Reaktanten, deshalb führt die Reaktion zu einer reinen Freisetzung von Wärme. Endotherme Reaktionen führen – obwohl sie heiß laufen und zusätzliche Wärme für die Aktivierung benötigen können – zu einer reinen Aufnahme von Wärme und machen deshalb die Umgebung kälter. Exotherme Reaktionen sind uns vertraut – man denke an Brennstoff – während endotherme etwas exotischer erscheinen mögen. Doch bereits etwas so alltägliches wie Speisenatron führt zu einer leichten Temperaturverringerung, wenn man es in Zitronensaft rührt.

67 Röntgenstrahlen

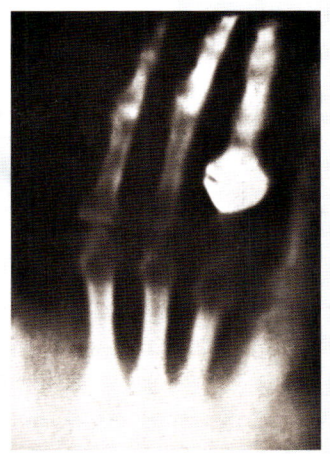

Der Ring an Anna Röntgens Finger ist zusammen mit ihren Knochen auf dieser ersten Röntgenaufnahme aus dem Jahre 1895 zu sehen. Als sie diese Aufnahme sah, soll sie gesagt haben: „Ich habe meinen eigenen Tod gesehen."

EINIGE WISSENSCHAFTLER ENTDECKTEN BEI DER ARBEIT MIT KATHODEBSTRAHLEN, DASS EIN UNSICHTBARER BALKEN FOTOGRAFISCHES PAPIER TRÜBTE. Einer von ihnen verzeichnete diese Präsenz mit einem fragenden „X", und nannte sie „X-Strahlen".

Der dafür verantwortliche Wissenschaftler war Wilhelm Conrad Röntgen, der die Strahlen 1895 aufzeichnete und nach dem sie benannt sind. Röntgen hatte eine Gasentladungsröhre so ummantelt, dass kein Licht herausdringen konnte. Doch im abgedunkelten Labor leuchtete ein lichtempfindlicher Schirm in der Nähe der Röhre, als würde er von den Kathodenstrahlen getroffen. Röntgen untersuchte, welche anderen Materialien diese „X-Strahlen" durchdringen konnten, einschließlich der Hand seiner Frau: Es entstand die erste Röntgenaufnahme. Doch eine Frage blieb offen: Waren die Röntgenstrahlen die einzig unsichtbare Strahlung?

68 Radioaktivität

Dunkle Flecken auf einer von Becquerels fotografischen Platten zeigen, wo unbekannte Strahlen von Uranmineralen abgegeben wurden.

IM JAHRE NACH DER ENTDECKUNG DER RÖNTGENSTRAHLEN KAM EIN FRANZÖSISCHER PHYSIKER AUF DIE IDEE, DASS DAS PHOSPHORESZIERENDE LEUCHTEN EINIGER MATERIALIEN DIE QUELLE VON RÖNTGENS GEHEIMNISVOLLEN STRAHLEN SEIN KÖNNTE.

Seine Theorie stellte sich als falsch heraus, führte aber dennoch zu einem ganz neuen Bereich der Chemie.

Bei seinen Untersuchungen legte Henri Becquerel phosphoreszierende Minerale – die im Dunkeln leuchten – auf Fotoplatten. Zunächst kam es zu keinen Trübungen, die unsichtbare Emissionen hätten anzeigen können, bis man später Pechblende, ein Uranerz, testete. Weitere Forschungen zeigten, dass nicht-leuchtende Uranminerale das gleiche taten. Die nach ihrem Entdecker benannten „Becquerel-Strahlen" waren der erste Nachweis dessen, was man später als Radioaktivität bezeichnen sollte.

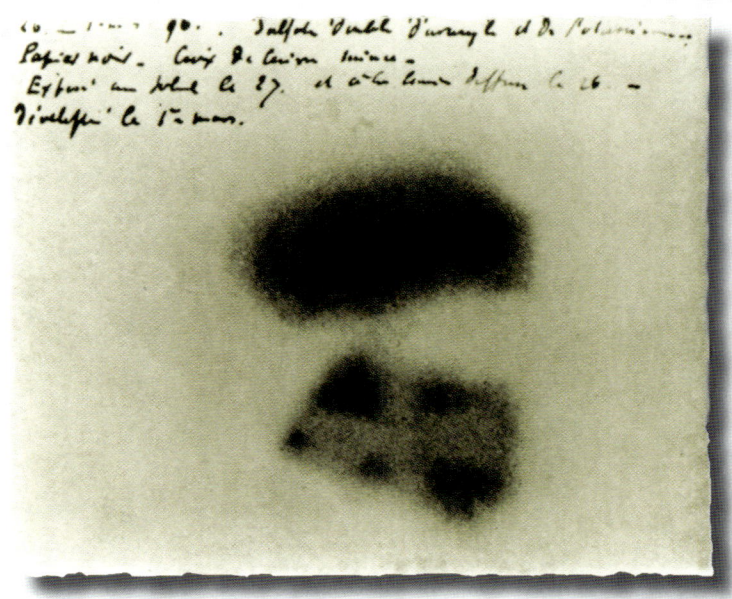

69 Elektronen

LICHT UND WÄRME WAREN BEREITS VON DER LISTE DER MUTMASSLICHEN ELEMENTE GESTRICHEN WORDEN, DOCH DIE CHEMIKER WAREN SICH NOCH UNSICHER ÜBER DIE KLASSIFIZIERUNG DER KATHODENSTRAHLEN. Diese Strahlen verhielten sich wie „strahlende Materie", winzige Teilchen, welche die Eigenschaften von Metallen und Gasen teilten. 1897 gelang es einem englischen Physikprofessor, die Strahlen zu wiegen, und zwar mit überraschenden Resultaten.

Joseph John (auch J. J.) Thomson war einer der führenden Physikprofessoren der Welt. Er machte der Illusion ein Ende, dass Atome unzerstörbar und nicht teilbar seien und wies stattdessen nach, dass sie einfach aus noch kleineren Partikeln bestanden.

Strahlen ableiten

Thomsons Weg zur Entdeckung begann 1897, als er sich ein Experiment von Heinrich Hertz (für die Frequenzeinheit bekannt) genauer anschaute. Kathodenstrahlen schienen von der Kathode abgestoßen und von der Anode angezogen zu werden, deshalb testete Hertz, ob die Kathodenstrahlen von einem anderen elektrischen Feld in der Crookes-Röhre abgeleitet werden könnten, das von zwei Platten gebildet wurde. Eine Platte war positiv geladen, die andere negativ. Hertz sah, dass seine Strahlen von diesen Ladungen unbeeinflusst blieben, was nahelegte, dass sie selbst ungeladen waren. Doch als Thomson das Experiment mit

Thomsons Röhre für die Ableitung der Kathodenstrahlen im Cavendish Labor an der Universität Cambridge, das nach Henry Cavendish, dem Entdecker des Wasserstoffs, benannt ist.

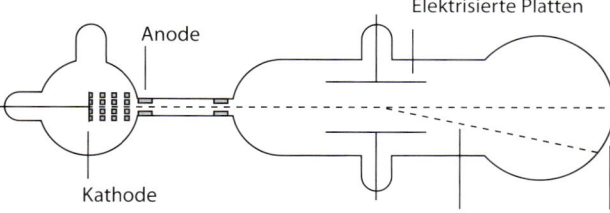

Anode — Elektrisierte Platten — Kathode — abgeleiteter Kathodenstrahl — Schirm

einer verbesserten Röhre, in der weniger Gas war, wiederholte, bog sich der Strahl zur positiv geladenen Platte, musste also negativ geladen sein. (Das in der Röhre von Hertz noch vorhandene Gas wurde durch die Platten aufgeladen und neutralisierte alle Effekte, die sie auf die vorbeifließenden Kathodenstrahlen hätten haben können.)

Masse messen

Thomson wusste bereits, dass die Strahlen auf ein Magnetfeld antworteten und machte sich daran, die Effekte beider zu vergleichen. Das ermöglichte ihm, die Geschwindigkeit und die spezifische Ladung der Strahlen zu berechnen. Die spezifische Ladung ist das Verhältnis der elektrischen Ladung eines Objektes und seiner Masse. Das erstaunliche Resultat war, dass die „Korpuskeln" (wie Thomson sie nannte) in den Strahlen 1800 Mal leichter waren als Wasserstoffatome, das leichteste aller Elemente!

Darüber hinaus durchdrangen die Kathodenstrahlen feste Goldfolie und überwanden größere Strecken durch die Luft als es für etwas von der Größe eines Atoms realistisch erschien. Die einzige Schlussfolgerung war, dass die Korpuskeln erheblich kleiner als Atome waren. Der Begriff Elektron war einige Jahre zuvor für einen theoretischen Ladungsträger für Elektrizität gebildet worden. Der Name fand seinen richtigen Platz bei Thomsons Entdeckung des ersten „subatomaren" Partikels, einem Objekt, das kleiner als ein Atom war.

George Stoney kreierte das Wort Elektron 1894 und bezog sich damit auf den Bestandteil eines Atoms, der eine elektrische Ladung trug.

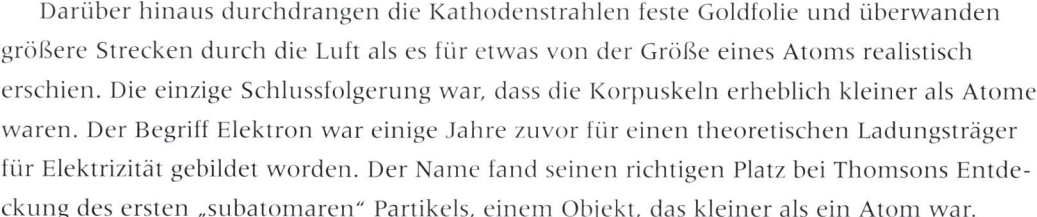

70 Rosinenkuchen-Modell

DIE ENTDECKUNG DER ELEKTRONEN WARF EINE NOCH GRÖSSERE FRAGE AUF: WOHER KAMEN SIE? An der Wende zum 20. Jahrhundert stellte man sich das Atom als Kuchen aus positiver Materie mit kleinen „Rosinen" als überall verstreuten negativ geladenen Elektronen vor.

J. J. Thomsons Experimente mit den Kathodenstrahlen hatten gezeigt, dass die Masse der Elektronen nicht variierte, egal welches Material für die Elektroden in der Kathodenstrahlröhre verwendet wurde. Thomson folgte der Hypothese, dass das elektrische Feld die geladenen Partikel von der Kathode wegschob. Da die Kathode nur geladen war, wenn sie elektrifiziert wurde, mussten die Elektronen eine negativ geladene Komponente der ansonsten neutralen Atome sein. Folglich ließen Elektronen, wenn sie ein Atom verließen, den positiv geladenen Teil hinter sich. Thomson schlug vor, dass die negativen Elektronen im positiven Teil des Atoms verteilt seien wie Rosinen in einem Kuchen. Das auch als „Plumpudding-Modell" bezeichnete Atommodell war zwar nur geraten, aber das beste, was die Wissenschaft zu jener Zeit zu bieten hatte.

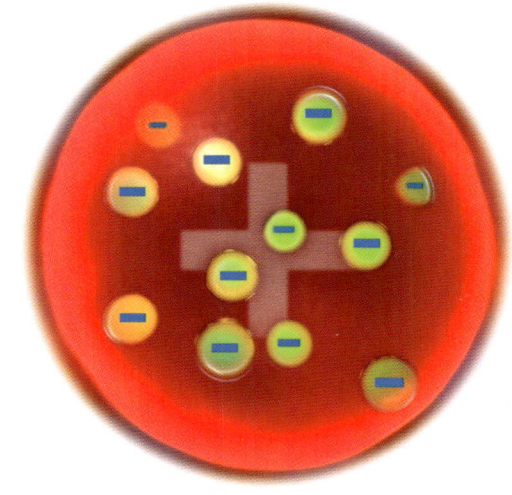

Das Thomsonsche Atommodell ging davon aus, dass das Atom eine feste Materieeinheit war.

71 Die Edelgase

ALS DIE CHEMIKER IN DER 1890ER-JAHREN NEUE GASFÖRMIGE ELEMENTE ISOLIERTEN, WURDE OFFENSICHTLICH, DASS SIE IM PERIODENSYSTEM DER ELEMENTE KEINEN PLATZ HATTEN. Die Gase schienen keine aktive chemische Rolle zu spielen, weshalb man sie als zu „edel" bezeichnete, um sich mit gewöhnlichen Elementen zu mischen.

Helium war als neues Element identifiziert worden, bevor Mendelejew seine erste Elementtafel erstellte, aber nur als eine verdächtige Spektrallinie im Sonnenlicht. Niemand hatte etwas von diesem neuen Material isoliert, geschweige denn sein Atomgewicht oder seine Wertigkeit bestimmt. Mendelejew ignorierte es deshalb konsequenterweise. Die erste Heliumprobe wurde von dem englischen Chemiker William Ramsay 1895 aus einem uranreichen Mineral gewonnen, das er aus Norwegen erhalten hatte. (Das Gas entstand innen durch radioaktiven Zerfall.) Helium war nicht nur leichter, sondern hatte auch beinahe identische Eigenschaften wie Argon, ein weiteres, nur ein Jahr zuvor isoliertes Gas.

Ramsay war gemeinsam mit seinem englischen Landsmann John William Strutt (auch Lord Rayleigh genannt) wesentlich an der Entdeckung von Argon beteiligt. Rayleigh hatte eine Abweichung in der Dichte des aus der Atmosphäre isolierten Stickstoffgases und den Proben entdeckt, die aus

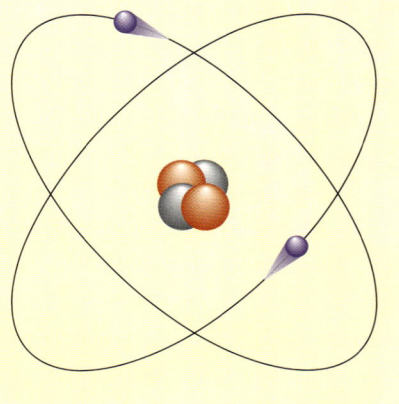

WARUM SO TRÄGE?

Atome reagieren miteinander und gehen Bindungen ein, weil ihre Atomstruktur in gewisser Weise nicht komplett ist. Metalle haben zu viele Elektronen, während Nichtmetalle zu wenige haben. Die Reaktion ist eine Art, das Gleichgewicht herzustellen. Edelgase nehmen einen besonderen Platz im Periodensystem ein, weil ihre Atome, wie z. B. Helium (rechts), von Natur aus ausgeglichen sind und kein Bedürfnis haben, mit anderen Elementen zu reagieren.

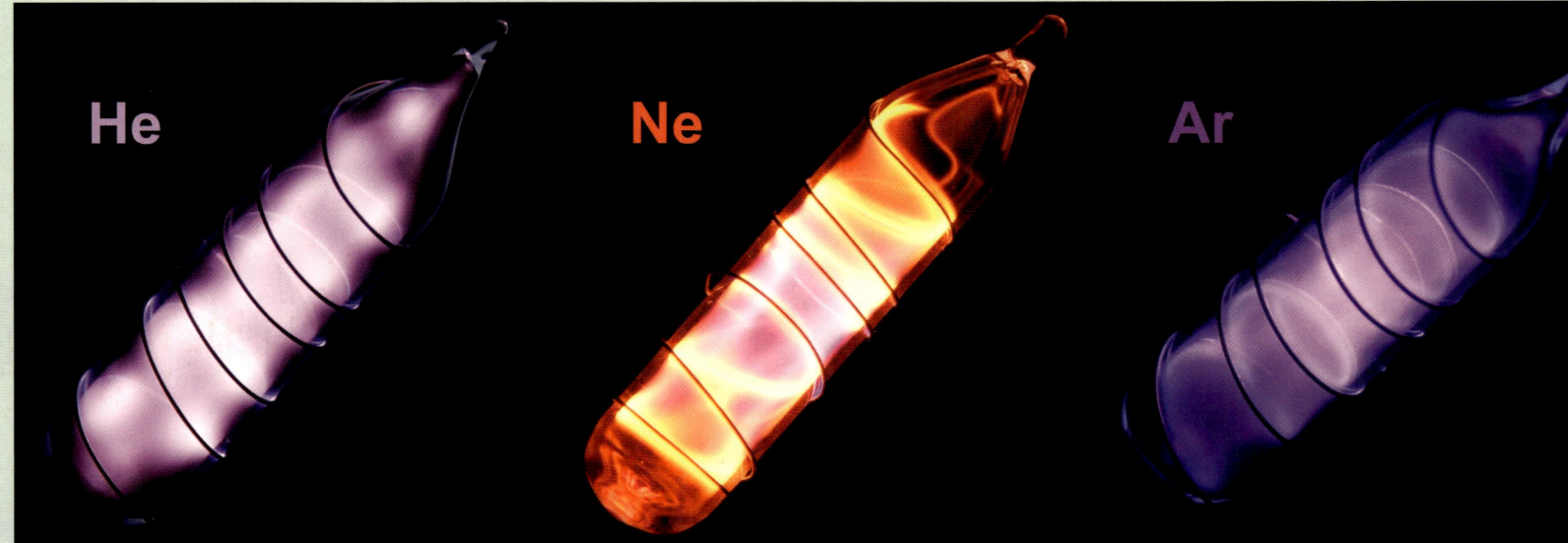

He Ne Ar

chemischen Reaktionen gewonnen worden waren. Mendelejew meinte, die winzigen Unterschiede seien darauf zurückzuführen, dass Stickstoffatome manchmal N_3- Moleküle bildeten, anstelle von N_2-Molekülen. Ramsay und Rayleigh untersuchten weiter. Sie entfernten systematisch alle bekannten Gase aus der Luft und erhielten eine winzige Probe eines unbekannten Gases. Die beiden nannten es Argon, vom griechischen Wort für „faul", denn das Gas reagierte überhaupt nicht mit anderen Elementen. Mit anderen Worten, es hatte eine Wertigkeit von Null.

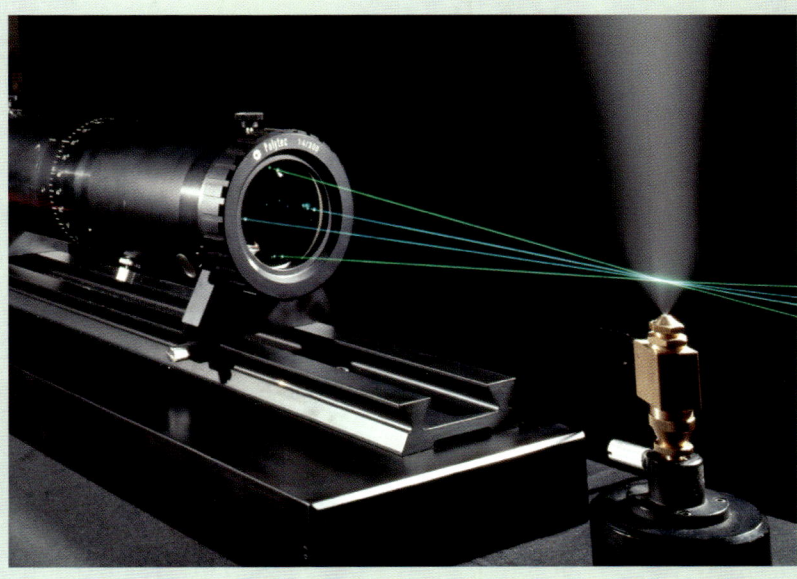

Gefrorene Luft

1898 entdeckte Ramsay drei weitere dieser noblen Gase, als er Luft mit der neuesten Gefriertechnologie verflüssigte. Dann ließ er die flüssige Luft sich erwärmen und fing jedes Gas ein, als es wiederum verdampfte. Argon macht 0,9 Prozent der Atmosphäre aus. Die neuen Gase waren noch seltener. Sie wurden nach wachsendem Atomgewicht entdeckt – Neon (das Neue), Krypton (das Versteckte) und Xenon (das Merkwürdige).

All diese Gase waren chemisch träge, oder traditioneller ausgedrückt, edel. (Weitere edle Elemente sind Gold und Platin, da sie nur selten mit anderen Elementen reagieren.) Die Atomgewichte der Edelgase zeigten an, dass sie eine achte Gruppe im Periodensystem bildeten und damit die letzten Einträge in dieser Periode darstellten. 1902 gab Mendelejew nach und ließ die Aufnahme der Gruppe O für Elemente mit Null-Wertigkeit zu. (In späteren Versionen wird sie auch oft als Gruppe 8 oder 18 dargestellt.) Ein weiteres Mitglied dieser Gruppe wurde von Ramsay vorausgesagt und sollte bald durch die Untersuchung der Radioaktivität ans Licht gelangen.

Ein Argon-Laser wird zum Messen der Geschwindigkeit verwendet, mit der ein Dampfstrahl entweicht. Helium, Neon, Argon und Krypton werden alle in Lasern verwendet, um bestimmte Wellenlängen von Licht zu produzieren.

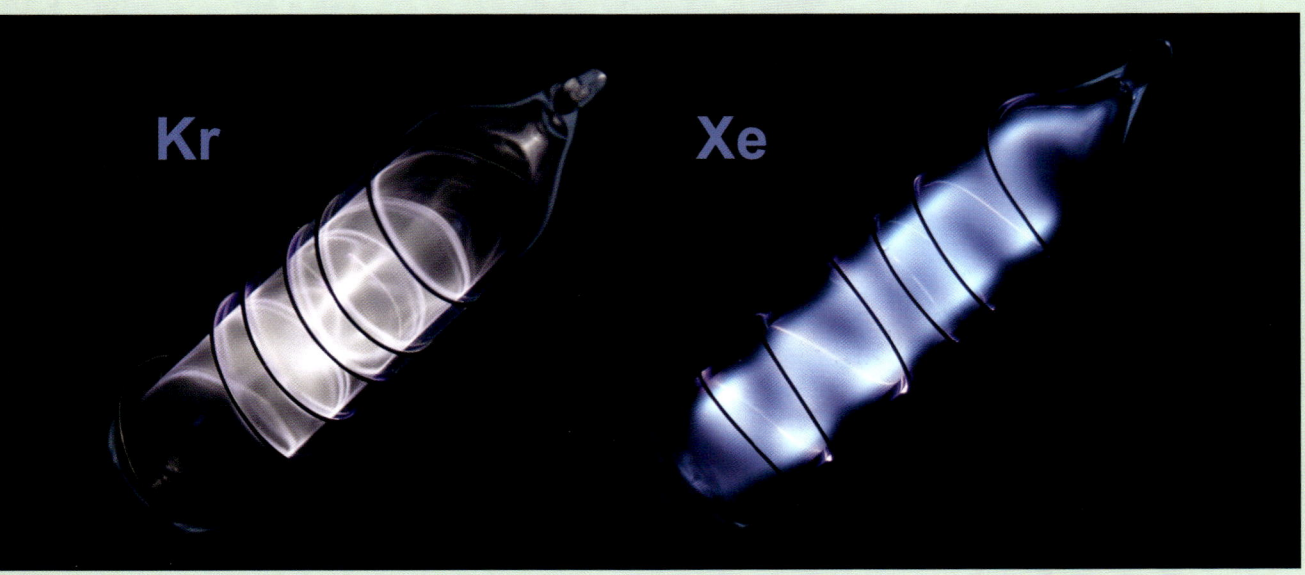

Die Edelgase leuchten in charakteristischen Farben in Gasentladungsröhren. Der rote Neonfarbton ist besonders charakteristisch und fand Anfang des 20. Jahrhunderts seine Verwendung in den „Neonlichtern", mit denen das Nachtleben in Städten wie New York und Paris beleuchtet wurde.

72 Die Curies

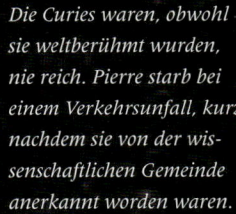

WENN ES EINEN NAMEN GIBT, DER AM HÄUFIGSTEN IM ZUSAMMENHANG MIT RADIOAKTIVITÄT GENANNT WIRD, IST ES CURIE. Marie und Pierre Curie verbrachten Jahre mühevoller Arbeit damit, die Quelle der „Becquerel-Strahlen" zu finden.

Marie Skłodowska war eine brillante polnische Wissenschaftlerin, die ihre Geburtsstadt Warschau 1891 verließ, um in Paris Physik zu studieren. Auf der Suche nach einem Platz für ihre eigenen Forschungen wandte sich 1894 an Pierre Curie, einen Physiker mit vielversprechendem Hintergrund im Bereich des Elektromagnetismus. Das Paar heiratete im Jahr darauf und baute neben der persönlichen auch eine nobelpreisgekrönte Partnerschaft auf. Kurz nach der Geburt des ersten Kindes 1897 (Irène, selbst eine Nobelpreisträgerin), begann Marie ihre Arbeit an den kurz zuvor von Becquerel entdeckten Strahlen. Sie widmete sich der Entdeckung weiterer Minerale, die die gleichen unsichtbaren Emissionen abgaben. 1898 fand sie heraus, dass Thoriumverbindungen, ebenso wie Uranverbindungen, radioaktiv waren – ein Begriff, den sie aus „Radiation" und „aktiv" formte. An diesem Punkt gab Pierre seine eigene Forschung auf und schloss sich der von Marie an.

Die Curies waren, obwohl sie weltberühmt wurden, nie reich. Pierre starb bei einem Verkehrsunfall, kurz nachdem sie von der wissenschaftlichen Gemeinde anerkannt worden waren.

Die Curies richteten ihr Labor in einer zugigen Behausung ein. Marie schrieb auf, dass es dort im Winter innen kaum ein paar Grad warm war. Marie nutzte das als Gelegenheit, um den Effekt der Temperatur auf radioaktive Emissionen zu testen – sie gingen unvermindert weiter.

Die fehlende Quelle

Die Curies fanden heraus, dass Pechblende, ein sowohl uran- als auch thoriumreiches Mineral, mehr Strahlung abgab als man aufgrund seines Uran- und Thoriumgehaltes allein erwarten konnte. Es musste folglich eine weitere radioaktive Quelle enthalten, ein neues Element. Damit begann die riesengroße Aufgabe, das zu isolieren, was eine potente, aber winzig kleine Menge von Substanz war. Dazu mussten mühevoll chemisch alle ungewollten Elemente in fast industriellem Ausmaß entfernt werden. Da Pierre unter Rheuma litt, leistete Marie die Hauptarbeit und verarbeitete eine halbe Tonne Pechblende. Nach vier Jahren hatte das Paar eine ausreichende Menge des neuen metallenen Elementes isoliert – 1898 bereits *in absentia* bereits Polonium benannt, um die Kritiker zu überzeugen. Zu ihrer Freude enthielt die Probe noch ein weiteres schweres und radioaktives Metall, das sie Radium nannten (denn es war wie ein radioaktives Barium). 1906 kam Pierre bei einem Straßenunfall ums Leben. Maries spätere Karriere wurde vom männlichen Establishment blockiert, doch ihr Vermächtnis war sicher.

POLITISCHE ELEMENTE

Um die Jahrhundertwende war es ein politisches Statement, seine erste Entdeckung nach Polen zu benennen. Zu der Zeit war das Land zwischen den Mächten Österreich, Preußen und Russland aufgeteilt. Polonium war der Aufruf der Curies, Maries Heimatland zu befreien.

Die Curies verbrachten Jah damit, winzige Spuren radi oaktiven Metalls aus Tonne von Mineralen zu isolieren.

73 Transmutation der Materie

DIE ERFORSCHUNG DER RADIOAKTIVITÄT BRACHTE VOLLKOMMEN NEUE ERKENNTNISSE
– und beantwortete die jahrhundertealte Frage der Alchemisten ...

Die Radioaktivität eröffnete den Wissenschaftlern ein Fenster zur Struktur der Materie. Der Neuseeländer Ernest Rutherford war einer der Ersten, die einen Blick durch dieses Fenster warfen und wäre in einem anderen Zeitalter dafür wahrscheinlich als Magier abgestempelt worden. Doch seine wissenschaftliche Genauigkeit brachte eine erstaunliche Wahrheit zutage: Elemente konnten von einer Form in eine andere transmutieren. Die Alchemisten hatten Recht gehabt!

Es stellte sich später heraus, das die von Rutherford als Alpha-Strahlung charakterisierten Strahlen Teilchen mit der gleichen Struktur waren wie ein Heliumkern – zwei Protonen und zwei Neutronen. Jedes Alpha-Teilchen wurde vom radioaktiven Kern abgestoßen. Sie sind durch die Protonen positiv geladen und es gibt keine Elektronen, die für einen Ausgleich sorgen, wie es bei einem Heliumatom der Fall wäre.

Vielfältige Strahlung
Rutherford arbeitete mit 24 Jahren für J. J. Thomson in Cambridge. 1898 gelang ihm ein großer Durchbruch bei seinen Untersuchungen von Uran: Es schienen zwei Arten von Strahlung von dem Metall auszugehen. Die Alpha-Strahlung (wie Rutherford sie nannte) wurde von einem dünnen Goldblatt blockiert, währen die Beta-Strahlung hindurchging. 1900 wies Henri Becquerel nach, dass Beta-Strahlung aus den gleichen Teilchen bestand wie Kathodenstrahlen – das heißt, es waren Elektronen. Alpha-Strahlung bestand wahrscheinlich aus größeren Teilchen, die von der Goldfolie blockiert wurden. (1908 konnte Rutherford dies bestätigen.) Der Franzose Paul Villard fand ebenfalls 1900 eine dritte Art elektromagnetischer Strahlung, die von Radium ausging und intensiver war als die von Rutherford beobachtete – er nannte sie Gamma-Strahlung.

Ernest Rutherford kontrolliert im Cavendish Labor an der Universität Cambridge einige Experimente. Hier realisierte er mehrere seiner Entdeckungen. 1917 demonstrierte er eine nukleare Transmutation, indem er Stickstoffatome mit Alpha-Teilchen bombardierte, um sie in Sauerstoffatome zu transformieren.

Transformationen
Rutherford nahm nun eine Stelle an der McGill Universität in Toronto an und ernannte den Briten Frederick Soddy zu einem seiner Assistenten. 1901 bemerkten die beiden, dass Thorium sowohl ein Gas abgab als auch Strahlung, und die chemische Analyse ergab, dass sich Radium gebildet hatte, wo zuvor das

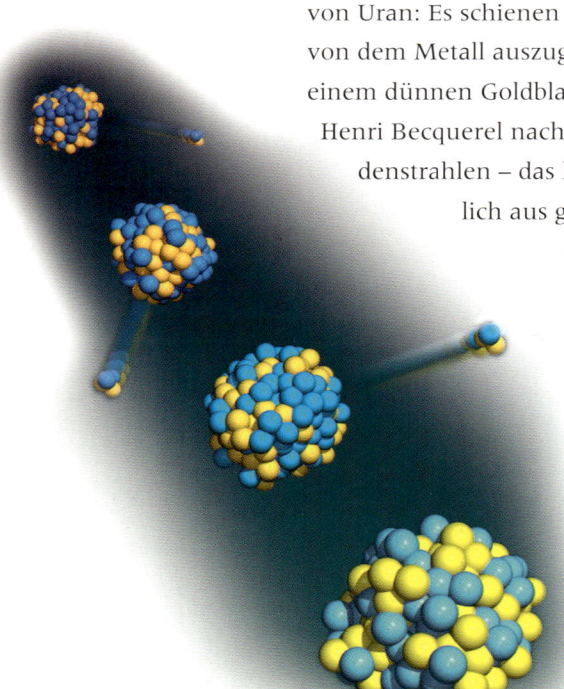

IONENSTRAHLEN

Nicht jede Strahlung wird durch Radioaktivität produziert. Licht und Wärme sind ebenfalls Strahlungen. Doch radioaktive Strahlung birgt genug Energie, um Atome zu ionisieren (ihnen die Elektronen zu entreißen), was Chemikalien verändern und lebendiges Gewebe schädigen kann. Alpha-Partikel richten den größten Schaden an, werden aber von der Haut blockiert; andere Strahlungen gehen tiefer, sind aber weniger schädlich.

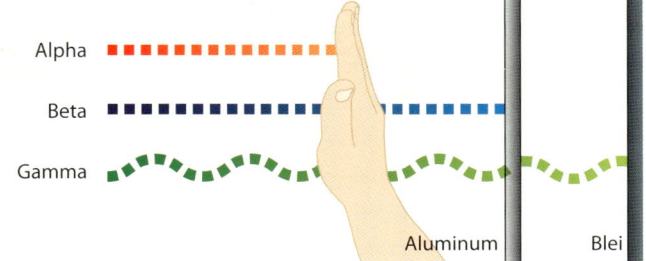

Thorium gewesen war. „Rutherford, das ist eine Transmutation!", soll Soddy gesagt haben. „Um Himmels Willen, Soddy, nennen sie das bloß nicht Transmutation. Sie werden uns für Alchemisten halten und einen Kopf kürzer machen," antwortete Rutherford. Die Untersuchungen zeigten auch, dass die Strahlung variierte, manchmal schien sie aufzuhören, um dann stärker als je zuvor zu sein. 1903 stellten Rutherford und Soddy deshalb ihre Ergebnisse in der umbenannten „Transformations"-Theorie zusammen, nach der radioaktive Emissionen das Ergebnis von Atomen eines Elementes waren, die in Atome eines anderen Elementes zerfielen. Dieser Prozess dauerte an, bis sich stabile Atome gebildet hatten – so geht der Uranzerfall zum Beispiel durch 12 instabile Elemente, bevor er schließlich Blei bildet. Das war zwar nicht ganz so wie von Aristoteles vorhergesagt, doch aufgrund dieser Transmutationen mussten die Regeln der Chemie noch einmal neu geschrieben werden.

74 Photoelektrischer Effekt

Obwohl Einstein für seine Relativitätstheorie berühmt wurde, erhielt er den Nobelpreis für seine photoelektrische Arbeit.

IN DEN 1880ER-JAHREN HATTE HEINRICH HERTZ DIE GRUNDLAGEN DES PHOTOELEKTRISCHEN EFFEKTS ERFORSCHT. 1905 nutzte Albert Einstein diesen Effekt, um die Natur des Lichtes zu untersuchen.

Seit dem 18. Jahrhundert sah man Licht als eine Welle an. Einstein wollte das nicht widerlegen, meinte aber, dass Licht aus Teilchen bestünde und nannte diese Lichtteilchen Photonen, von denen jedes eine bestimmte Menge, oder ein bestimmtes Quantum an Energie trüge. Wenn Licht oder ein anderer Photonenstrom auf einen Leiter traf, übertrug sich die Energie der Photonen auf die Elektronen und reichte aus, um sie als elektrischen Strom fließen zu lassen. Deshalb gaben umgekehrt Substanzen Energie ab, indem sie Photonen abstrahlten.

75 Halbwertzeit

NICHT ALLE RADIOAKTIVEN ELEMENTE ZERFALLEN GLEICH SCHNELL. 1907 wurde ein Weg gefunden, diese Zerfallsrate zu messen.

Es ist unmöglich genau vorherzusagen, wann ein radioaktives Atom zerfallen wird, deshalb wird ein Wahrscheinlichkeitswert angegeben. Wahrscheinlich zerfallen hoch radioaktive Elemente (mit einer großen Anzahl an Atomen) schneller als weniger potente Quellen. Rutherford verzeichnete die Zerfallsraten verschiedener radioaktiver Elemente und stellten sie als Halbwertzeiten dar: Die Zeitspanne, in der die Menge und damit auch die Aktivität des Elements durch den Zerfall auf die Hälfte gesunken ist. Die Halbwertzeit der meisten Uranisotope liegt bei etwa 4,46 Milliarden Jahren, das entspricht etwa dem Alter unseres Planeten; das heißt die Hälfte des auf der Erde gebildeten Urans existiert nicht mehr.

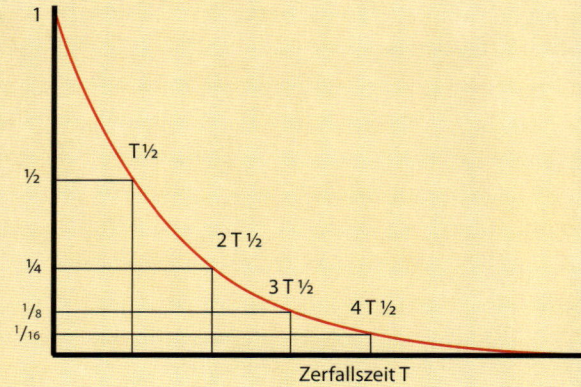

Wie diese Grafik zeigt, bleibt die Halbwertzeit konstant, egal wie viel des ursprünglichen Materials bisher schon zerfallen ist.

76 Haber-Bosch-Verfahren

EINER DER WICHTIGSTEN BEITRÄGE DER CHEMIE ZU UNSERER ZIVILISATION IST DAS HABER-BOSCH-VERFAHREN. Es verband wissenschaftliches Know-how mit der Technologie, den Stickstoff aus der Luft zu einem Kunstdünger zu machen, der heute noch für ausreichende Ernten zur Ernährung von Milliarden von Menschen sorgt.

Fritz Haber, hier als Militär während des Ersten Weltkriegs, entwickelte auch Giftgas als erste chemische Waffe. Obwohl er seine Chemiekenntnisse für die Massenvernichtung einsetzte, hat sein Gesamtwerk zweifelsohne dazu beigetragen, unzählige mehr Leben zu retten, als es vernichtete.

Die Herstellung von Düngemitteln ist ein riesiger Zweig der chemischen Industrie – ebenso wie heute die „ohne chemische Düngung" hergestellten biologischen Lebensmittel. Die Verwendung von wachstumsfördernden Stoffen ist jedoch nicht neu. Die vorindustrielle Agrargesellschaft verließ sich auf den Schlamm der über die Ufer tretenden Flüsse, um die Felder mit Nährstoffen zu versorgen, schaffte durch Brandrodung im Wald fruchtbaren Ascheboden oder verteilte Mist und Fäkaldünger über die Äcker, um den Ernteertrag zu steigern.

Jedes Leben bedarf der Versorgung mit Stickstoff, als Zutat der Aminosäuren, die sich verketten und Körperproteine bilden. Tiere versorgen sich über die Pflanzen, die sie fressen, damit. Pflanzen nehmen über ihre Wurzeln wasserlösliche Stickstoffverbindungen (hauptsächlich Nitrate) auf. Diese Verbindungen gelangen über einen komplexen Recyclingprozess in den Boden; zum Teil zersetzen Bakterien die Überreste toter Lebensformen, zum Teil „fixieren" andere Bakterien das Stickstoffgas direkt aus der Atmosphäre und verwandeln es in pflanzenfreundliche Formen.

1898 sagte der für die Kathodenstrahlen berühmte William Crookes voraus, dass die menschliche Population bald über die Möglichkeiten der Nahrungsproduktion hinaus-

GUANO

Guano bedeutet in der Quechua Sprache Dung. Es besteht aus getrockneten Exkrementen von Vögeln. Im kühlen und trockenen Klima der Inseln entlang der chilenischen und peruanischen Küste häuft sich der Guano von Seevögeln an. In den 1860er-Jahren wurden um diese Inseln Kriege ausgetragen. Sie waren zu der Zeit die beste Quelle für Nitrate, die in Schießpulver und als Dünger verwendet wurden.

Das Haber-Bosch-Verfahren war im Ersten Weltkrieg fundamental wichtig für die Rüstungsindustrie. Die britische Armee blockierte die natürlichen Nitratquellen aus Südamerika und die deutsche Militärmaschinerie hätte binnen weniger Monate keinen Sprengstoff mehr gehabt, wenn es nicht die im von Haber entwickelten Verfahren hergestellten Chemikalien gegeben hätte.

wachsen würde. Man benötigte ein Mittel, um die Ernteerträge zu steigern, doch der Vorrat an natürlich vorkommenden Düngemitteln, von Klärschlamm bis Guano, war an seine Grenzen gelangt.

Chemische Mittel

Mehr als drei Viertel der Atmosphäre besteht aus Stickstoff, der jedoch chemisch relativ träge ist. Es gab aber keine praktisch anwendbare Technologie, ihn in einer wasserlöslichen Verbindung zu fixieren. Dann entwickelte Fritz Haber, ein in Karlsruhe arbeitender professioneller Chemiker, 1908 ein Verfahren, um Stickstoff aus der Luft mit Wasserstoff reagieren zu lassen und somit Ammoniak (NH_3) herzustellen. Das Gas musste unter 200 Mal höherem Druck als in der Atmosphäre stehen und reagierte nur, wenn es über einen Eisenkatalysator geleitet wurde.

Im darauffolgenden Jahr wurde Habers vielversprechendes Verfahren zum Haber-Bosch-Verfahren, als der Industriechemiker Carl Bosch einen Weg fand, Habers Reaktion in enormer Größenordnung durchzuführen. Das erste Ammoniakwerk entstand 1911 und konnte pro Tag 33 Tonnen atmosphärischen Stickstoff in Ammoniak verarbeiten. Haber erhielt 1918 den Nobelpreis für Chemie, und Carl Bosch wurde 1931 ausgezeichnet.

Ammoniak selbst ist eine giftige Substanz. Um es als Düngemittel (und auch zur Herstellung von Sprengstoff) verwenden zu können, bedurfte es des Ostwaldverfahrens (1902 vom deutschen Kollegen Wilhelm Ostwald patentiert). Dabei wurde Ammoniak mit einem Platinkatalysator zur Oxidation gebracht. Das dabei erhaltene Stickstoffoxid reagierte mit Wasser zu Salpetersäure – einer insgesamt praktischeren Chemikalie.

Die aus dem Verfahren gewonnenen chemischen Düngemittel veränderten die Landwirtschaft im 20. Jahrhundert. Mit der Grünen Revolution ab den 1960er-Jahren gelangte diese landwirtschaftliche Technologie in die Entwicklungsregionen und half erfolgreich bei vielen Bemühungen, Hungersnöte zu vermeiden.

77 Der Atomkern

EINE LETZTE ÄNDERUNG IN EINEM LANGWIERIGEN EXPERIMENT BRACHTE DEN ERFOLG UND LIESS DAS ROSINENKUCHEN-ATOMMODELL FÜR IMMER DER VERGANGENHEIT ANGEHÖREN. Ernest Rutherford machte diese große Entdeckung zusammen mit einem Wissenschaftler, dessen Name für immer mit dem Begriff Radioaktivität verbunden ist.

1907 kehrte Rutherford nach England an die Universität von Manchester zurück. Im Jahre darauf erhielt er den Nobelpreis für seine Arbeit zu Halbwertzeit, doch er war bereits auf dem Weg zu neuen Entdeckungen. Mit der Hilfe des jungen Deutschen Hans Geiger entwickelte er eine Vorrichtung, mit der man die Intensität der Radioaktivität messen konnte – seither als Geigerzähler bekannt. Rutherford verwendete den Geigerzähler, um Alpha-Strahlen zu isolieren. Spektralanalysen wiesen tatsächlich Teilchen nach, die die gleichen Eigenschaften wie Heliumgas hatten.

Das Goldfolien-Experiment

1909 führte Rutherford ein weiteres Experiment durch und Geiger half ihm auch hierbei. Rutherford wollte dieses neu entdeckte Alphateilchen als Probe verwenden, um das Rosinenkuchen-Atommodell zu testen. Wenn dieses Modell korrekt sein sollte, mussten die Elektronen sehr präzise im positiv geladenen Kuchen positioniert sein, um zu gewährleisten, dass das Atom keine ungleich geladenen Bereiche hatte.

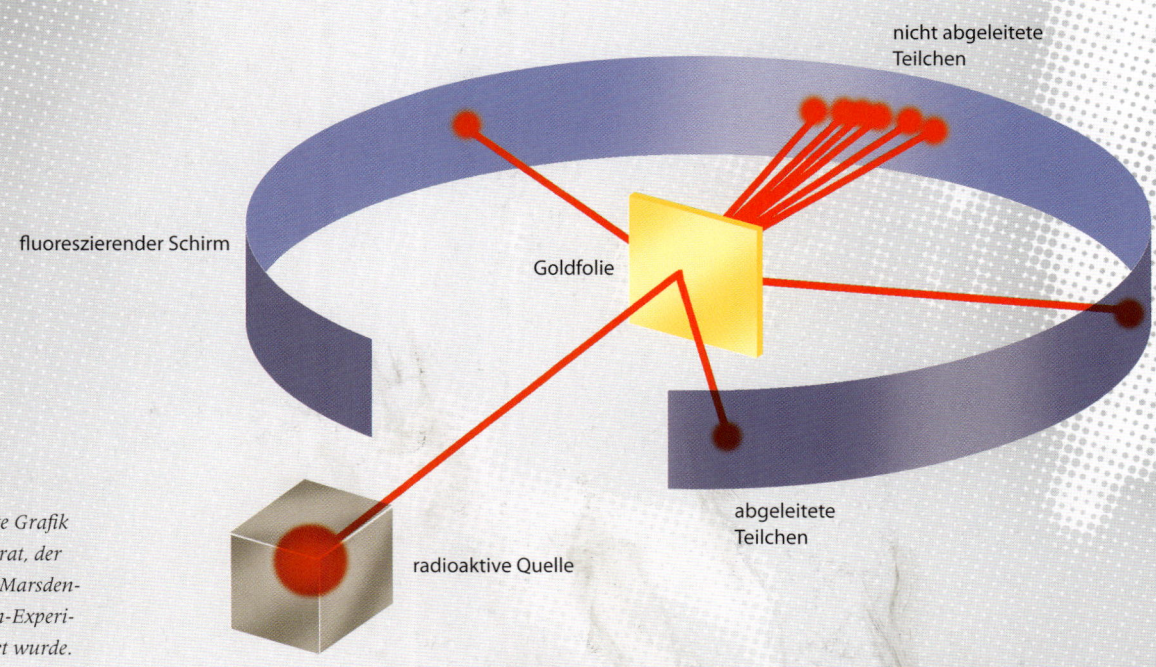

nicht abgeleitete Teilchen

fluoreszierender Schirm

Goldfolie

abgeleitete Teilchen

radioaktive Quelle

Die vereinfachte Grafik zeigt den Apparat, der für das Geiger-Marsden- bzw. Goldfolien-Experiment verwendet wurde.

Ernest Rutherford (rechts) und Hans Geiger mit dem fluoreszierenden Schirm (oben), der in dem Experiment verwendet wurde, das den ersten Nachweis eines Atomkerns erbrachte.

Wenn das wahr wäre, so meinte Rutherford, müssten positiv geladene Alphateilchen gerade durch die Goldfolie hindurchgehen und würden nur minimal von der negativen Ladung der Elektronen in den Atomen umgeleitet. Geiger und der neuseeländische Kollege Ernest Marsden sollten das in einem Experiment überprüfen. Es war eher enttäuschend, dass der größte Teil der Alphateilchen durch die Goldfolie drang und keinen wirklichen Beweis gegen den Rosinenkuchen lieferte. Bevor sie aufgaben, schlug Rutherford jedoch vor, sie sollten die Detektorenschirme hinter der Folie austauschen, nur um sicher zu sein, dass nichts von ihnen zurückgeworfen wurde. Das wiederholte Experiment zeigte in der Tat, dass ein winziger Teil der Alphateilchen von der Goldfolie abgeleitet wurde. Rutherford soll vor Freude getanzt haben, als er von der Neuigkeit erfuhr. Später beschrieb er das Ergebnis wie folgt: „Es war fast so unglaublich, als hätten wir eine 38-cm-Granate auf ein Stück Seidenpapier abgefeuert und sie wäre zurückgekommen und hätte uns getroffen."

Planetenmodell

Bis 1911 hatte Rutherford die Ergebnisse ausgewertet und in ein Atommodell übertragen, in dem die positive Ladung einen kleinen zentralen Kern oder Nukleus formte (der die Alphateilchen abgestoßen hatte). Die Elektronen kreisten am Rande des Atoms wie Planeten und wurden von einer elektromagnetischen Kraft gehalten. Dieses erste Atommodell (Planetenmodell genannt) hielt nur für ein paar Jahre, bleibt aber in der öffentlichen Vorstellung noch immer stark vertreten.

Ein früher Geigerzähler, aus einer Kupferröhre gefertigt. Diese Vorrichtung wurde 1932 bei der Entdeckung des Neutrons verwendet.

GEIGERZÄHLER

Angeregt durch Rutherford entwickelte Hans Geiger 1908 das später sogenannte Geiger-Müller-Zählrohr, 1928 von Walther Müller verbesserte wurde. Der Zähler basiert auf einer verschlossenen Röhre, die mit einem Niedrigdruckgas gefüllt ist. In der Röhre werden zwei Elektroden elektrifiziert, doch es fließt kein Strom durch das Gas. Wenn die Strahlung in die Röhre dringt, ionisiert sie das Gas und löst elektrische Impulse aus, die man zählen (und als klickendes Geräusch wahrnehmen) kann. Die Häufigkeit der Impulse ist proportional zur Strahlungsmenge in dem Bereich.

78 Isotope und Massenspektrometrie

ALS DIE FORSCHER ENTDECKTEN, DASS ATOME VON EINEM ELEMENT IN EIN ANDERES ZERFIELEN, FANDEN SIE MEHR POTENZIELL NEUE SUBSTANZEN, ALS ES PLATZ IM PERIODENSYSTEM DER ELEMENTE GAB. Man vermutete aber, dass die neuen Substanzen bisher nicht vermerkte Formen bereits bekannter Elemente waren. Es war jedoch eine neue Form der Analyse nötig, um dies zu bestätigen.

Es war Frederick Soddy, der realisierte, dass radioaktive Elemente in viele neue Elemente transmutierten. Er führte die Uranzerfallsreihe an, die mit einer stabilen Form von Blei endete. Im Periodensystem sitzen diese beiden Elemente 11 Elemente weit auseinander, doch fast 40 Zwischenformen waren beim Übergang von Uran zu Blei aufgezeichnet worden. Einige davon hatten von ihren hoffnungsvollen Entdeckern Namen erhalten, wie zum Beispiel Metathorium und Ionium. Doch als man die chemischen Eigenschaften dieser neuen Substanzen analysierte, erwies es sich als unmöglich, sie zu isolieren: Metathorium konnte nicht von Radium getrennt werden, und Ionium zeigte alle chemischen Eigenschaften von Thorium. 1912 brach die von Soddy vorgeschlagene Lösung dieses Rätsels wiederum die Regeln: Elemente

Ein modernes Massenspektrometer präsentiert die Ergebnisse in Form einer Reihe von „Ausschlägen", die Masse und Menge der gefundenen Teilchen anzeigen

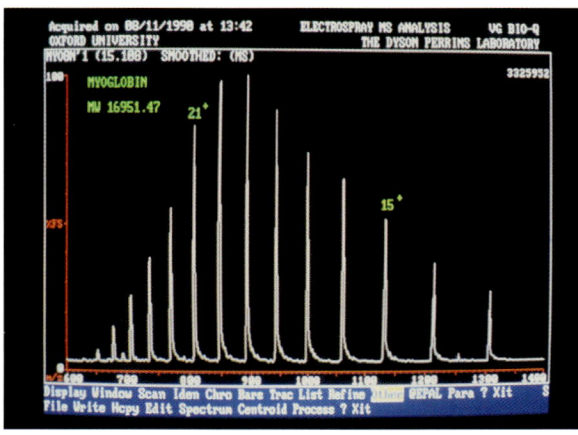

Um 1950 war die Massenspektrometrie eine alltägliche Analysetechnik geworden – hier zwei Forscher mit einem Massenspektrometer im National Physical Laboratory in Teddington, Großbritannien.

RADIOKARBONDATIERUNG

^{14}C ist ein radioaktives Isotop, das durch kosmische Strahlen produziert wird, die Kohlendioxid-Moleküle in der oberen Atmosphäre bombardieren. Da lebende Organismen häufig Kohlenstoff aufnehmen, wie zum Beispiel Nahrungsmittel, haben ihre Körper einen kleinen, aber konstanten Anteil von ^{14}C. Wenn sie sterben, beginnt der ^{14}C-Anteil sich durch radioaktiven Zerfall zu reduzieren. Die Halbwertszeit von ^{14}C beträgt etwa 5.750 Jahre. Man kann messen, um wie viel niedriger das ^{14}C-Niveau in einem abgestorbenen Organismus ist und damit bis auf ein bis zwei Jahrzehnte genau bestimmen, wie alt er ist, wie bei dieser ägyptischen Mumie.

konnten mehr als eine Atommasse besitzen. Einige Jahre später schlug einer von Soddys Verwandten vor, er solle diese verschiedenen atomaren Spezies Isotope nennen, was „gleicher Platz" bedeutet, in Anlehnung an den Platz, den sie sich im Periodensystem teilten.

Bewegliche Massen

Der große J. J. Thomson, der das Cavendish Labor in Cambridge leitete, erbrachte den ersten physischen Nachweis der Isotope. Er verwendete eine Anodenstrahlenröhre, die eine veränderte Crookes-Röhre war und einen positiv geladenen Teilchenstrom produzierte, der von der Anode zur Kathode verlief – das komplette Gegenteil eines Kathodenstrahls. Während ein Kathodenstrahl ein Elektronenstrom ist, besteht ein Anodenstrahl aus positiven Ionen oder Atomen, die durch ein elektrisches Feld einiger Elektronen beraubt wurden. Magnetische Felder lenkten Anodenstrahlen nicht definitiv ab, was indizierte, dass die Ionen unterschiedliche Masse hatten – sie formten sich aus den Gasen, die in der Röhre waren. Thomson füllte seine Röhre mit Neon und schickte die Anodenstrahlen durch ein Magnetfeld und ein elektrisches Feld. Das elektrische Feld würde die Ionen durch ihre Ladung separieren – die Neon-Ionen waren alle positiv und deshalb gleich abgelenkt. Das Magnetfeld lenkte die Lichtionen weiter und das Neongas trübte nicht einen, sondern zwei Bereiche eines lichtempfindlichen Detektors. Das indizierte, dass Neon-Ionen (und -Atome) zwei Atomgewichte hatten, die Isotope ^{20}Neon und ^{22}Neon. Thomsons Gerät war das erste Massenspektrometer, so genannt, weil es ein Gas in ein nach Ladung und Masse sortiertes Spektrum separierte.

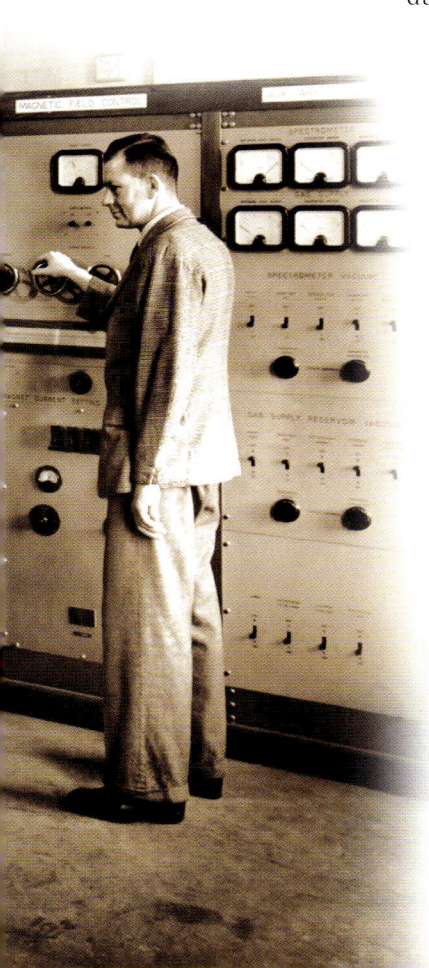

Seither sind Massenspektrometer weiterentwickelt und bedeutend empfindlicher geworden und dienen heute für verschiedenste Analysen, von radioaktivem Material bis zu forensischen Proben. Dennoch ist die Analyse nicht einfach, denn es gibt keine klare Indikation dafür, was das für Teilchen sind, die im Spektrum erscheinen. Es könnten Atome sein, ionisierte Moleküle, oder Fragmente größerer Einheiten, die abgespalten wurden.

79 Das Bohrsche Atommodell

DAS PLANETEN-ATOMMODELL STELLTE DIE PIONIERE DER QUANTENPHYSIK, EINER NEUEN WISSENSCHAFT, NICHT ZUFRIEDEN. Niels Bohr, ein in diesem Bereich führender Wissenschaftler, wandte die Regeln des Quantenuniversums an, um eine neue Beschreibung der Atomstruktur zu erstellen.

Nur zwei Jahre nach Ernest Rutherfords Planetenatom aktualisierte Bohr es nach dem neuesten Verständnis über die Eigenschaften von Energie und Masse auf kleinster Ebene. Nach dem Planetenmodell umkreisten negativ geladenen Elektronen einen positiv geladenen Kern. Bohr ging davon aus, dass ein Elektron Energie nur in bestimmten Mengen abgeben und den Atomkern nur in ganz bestimmten Abständen umkreisen kann. Er berechnete die Umlaufbahnen, indem er die elektromagnetische Anziehungskraft zwischen den Elektronen und dem Atomkern und die durch ihre Bewegung um das Atom entstehende Zentrifugalkraft verwendete. Er fand heraus, dass Elektronen nur an bestimmten Stellen existieren konnten, auf bestimmten Energieniveaus. Je mehr Energie ein Elektron trug, um so weiter entfernt war es vom Atomkern. Bohr überprüfte seine Berechnung mit der Energie, die Wasserstoffatome währen der Spektralanalyse abgaben und fand sie bestätigt.

Der Quantenphysik zufolge ist es nicht möglich, den Sitz und die Geschwindigkeit eines Elektrons gleichzeitig zu kennen. Deshalb werden Elektronen am besten als wahrscheinliche Dichtigkeiten angesehen, die das Atom umkreisen..

ELEKTRONEN-ORBITALE

Rutherford beschrieb mit seinem Planetensystem die Bewegung der Elektronen als Umlaufbahnen. Das Bohrsche Modell definierte die Umlaufbahnen als kreisrunde Bahnen, oder Schalen. Die Formen und die Abstände der Orbitale vom Atomkern sind eine Folge der unterschiedlichen Energieniveaus der Elektronen.

80 Ordnungszahl

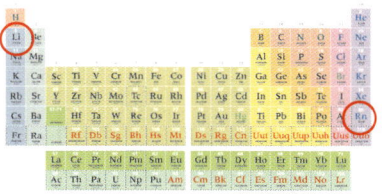

Das moderne Periodensystem führt die Elemente nach ihrer Ordnungszahl auf.

NUR WENIGE MENSCHEN HABEN VON HENRY MOSELEY GEHÖRT.
Der englische Physiker starb jung im Ersten Weltkrieg, doch zuvor lieferte er mit nur 25 Jahren Erkenntnisse, die dem Periodensystem der Elemente endlich seinen Sinn gaben.

Das Goldfolien-Experiment hatte gezeigt, dass die positive Ladung eines Atoms im zentralen Atomkern saß. In dem Experiment wurde das Verhältnis von Alphateilchen, die zurückprallten und denen, die hindurchdrangen, in der statistischen Analyse verwendet, um zu errechnen, wie groß der Atomkern war. Die Antwort war: etwa ein 100.000ster Teil der gesamten Atommasse.

1913, im gleichen Jahr als Niels Bohr die Erklärung seines Atommodells formulierte, untersuchte Moseley die von den Atomen verschiedener Elemente abgegebenen Röntgenstrahlen. Er fand heraus, dass die Elemente Röntgenstrahlen einer bestimmten Wellenlänge auf die gleiche Art abgaben und durch die Farbe ihrer sichtbaren Lichtemission identifiziert werden konnten, jedoch war die Wellenlänge der Röntgenstrahlen proportional zu der Ladung eines Atomkerns.

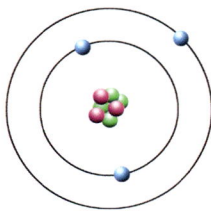

Lithium hat drei Protonen im Atomkern, die die positive Ladung ergeben.

Das Ordnungssystem

Angefangen bei Wasserstoff mit 1, vergab Moseley darufhin an alle anderen Atome entsprechend der durch die Röntgenstrahlspektren gezeigten Kernladungen eine „Atomzahl". Dieses Zahlensystem gab den Elementen einen beinahe exakten Weg durch das Periodensystem, in dem Helium eine Kernladung von 2 hatte, Lithium 3, usw.

Bis dahin war die Ordnung des Periodensystems auf der Basis einer schleierhaften Verbindung zwischen Atomgewichten und chemischen Eigenschaften erfolgt. Moseleys Ordnungszahlen boten ein stringenteres System und bei mehr als einer Gelegenheit führte das dazu, dass ein Element neu eingeordnet wurde (Nickel und Kobalt zum Beispiel) oder ein freier Platz neu eingeräumt wurde, wo noch kein Atom mit der entsprechenden Kernladung identifiziert worden war. Insgesamt sagte Moseley so die Existenz von vier neuen Elementen voraus, darunter Technetium, das erste künstlich produzierte Element.

Moseley starb 1915 in der Schlacht von Gallipoli und fand deshalb niemals heraus, was die positive Ladung in einem Atomkern hielt. Es blieb seinem akademischen Doktorvater Ernest Rutherford überlassen, dies nach dem Krieg zu erforschen.

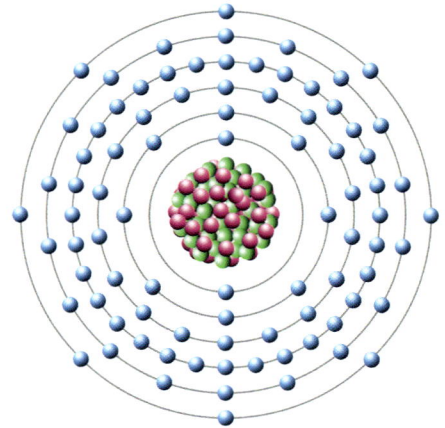

Radon hat 86 Protonen im Atomkern und eine gleiche Anzahl von Elektronen.

81 Quantensprünge

Die führenden Physiker und Chemiker der Welt, von Albert Einstein bis Marie Curie, trafen sich 1927 bei der 5. Internationalen Solvay-Konferenz, um das Thema des Jahres – Elektronen und Photonen – zu besprechen.

IN DEN 1920ER-JAHREN KONSTRUIERTEN DIE WISSENSCHAFTLER DAS BILD EINER SUBATOMAREN WELT, in der das Licht als ein elektromagnetisches Phänomen galt, dem die Art und Weise zugrunde lag, wie die Atome Energie aufnahmen und abgaben.

LEUCHTEN IM DUNKELN

Fluorit ist ein Mineral, das seinen Namen dem fluoreszierenden Leuchten verdankt, das es kurz im Dunkeln zeigt. Diese Eigenschaft wird durch die Quantenphysik erklärt. Wenn die Atome im Mineral dem Sonnenlicht ausgesetzt werden, absorbieren sie Photonen ultravioletten Lichts, das für das menschliche Auge unsichtbar ist. Etwas später wird diese Energie in sichtbaren Wellenlängen abgegeben, die das Mineral im Dunkeln leuchten lassen.

Fluorit gibt unheimliches blaues Licht ab.

Unser modernes Verständnis der Atome beruht noch immer auf der Arbeit der großen Wissenschaftler des frühen 20. Jahrhunderts. Einstein, Bohr, Moseley und andere bewiesen, dass jedes Element ein Atom mit einer spezifischen Ordnungszahl oder positiven Ladung im Kern hat. Das Atom ist elektrisch neutral, das heißt, die durch die Ordnungszahl wiedergegebene positive Ladung wird durch eine negative Ladung einer gleichen Anzahl von Elektronen ausgeglichen. Ein einzelnes Elektron hat eine negative Ladung von 1, somit ist die Anzahl der Elektronen in einem Atom gleich seiner Ordnungszahl. Wie von Bohr beschrieben, waren diese Elektronen auf Bahnen, oder Elektronenschalen, um den Kern angeordnet. Man hatte bereits erwogen, dass die positive Ladung des Atomkerns auch von irgendwelchen Teilchen vermittelt werden musste, das war aber noch nicht nachgewiesen.

Elektromagnetisches Spektrum

Eine der Grundlagen der Wissenschaft ist, dass Energie weder geschaffen noch zerstört werden kann, sie kann nur von einer Masse auf eine andere übertragen werden. Die Quantenphysik erklärt, wie die Struktur des Atoms ihm ermöglicht, Energie zu empfangen und abzugeben. Das half bei Theorien über chemische Reaktio-

Das Bohrsche Atommodell des Wasserstoffatoms zeigt, wie die Energieverringerung (ΔE), die auftritt, wenn ein Elektron von Ebene 3 zu Ebene 2 springt, zur Abgabe eines Radiationsphotons mit der Frequenz f führt. Plancks Konstante (h) ist eine fixe Zahl, die diese zwei Variablen verbindet. Je größer der Wechsel der Energieebene, umso höher ist die Frequenz (und um so kürzer die Wellenlänge) der freigesetzten Strahlung.

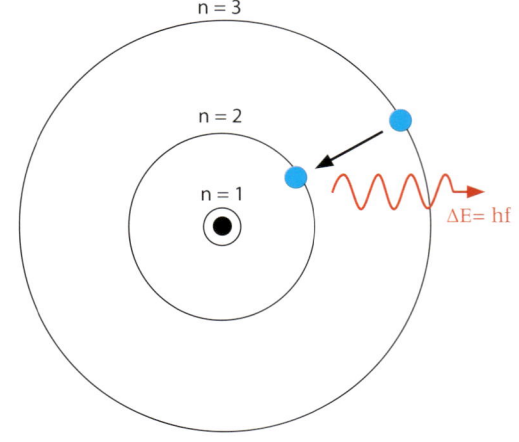

$\Delta E = hf$

nen, zeigte aber auch, warum Atome spezifische Lichtspektren und andere elektromagnetische Strahlungen hatten, die mithilfe der Spektroskopie identifiziert wurden. Das elektromagnetische Spektrum beginnt bei den Radiowellen, die die längste Wellenlänge haben (die kürzesten heißen Kurzwelle, sind aber immer noch relativ lang). Danach kommen Infrarotstrahlen, die wir als Wärme wahrnehmen, dann sichtbares Licht, ultraviolettes Licht (das die Ursache für Hautbräune ist), Röntgenstrahlen und schließlich Gamma-Strahlen, die die kürzeste Wellenlänge haben. Photonen von Gamma-Strahlen tragen die höchste Energie (ausreichend, um Atome zu ionisieren), während Radiowellen die geringste Energie tragen.

Energie aufnehmen und abgeben

Da jedes Element ein Atom einzigartiger Struktur hat, kann es nur bestimmte Quanten von Energie absorbieren, die als Radiationsphoton mit einer entsprechenden Wellenlänge ankommt. Das Photon überträgt sein Quant Energie an ein Elektron, das dann einen Sprung auf eine höhere Energieebene macht. Ein solcher Quantensprung ist alles oder nichts, er kann weder in zwei Sprüngen stattfinden, noch kann das Elektron höher springen und dann in seine neue Position zurückfallen. Wenn das Elektron zurück auf seine ursprüngliche Energieebene geht, gibt es die Energie in Form eines weiteren Photons ab, das eine gewisse Energie und Wellenlänge hat. Dieser Prozess ist es, der heiße Objekte in farbigem Licht glühen oder elektrifizierte Metalle einen Strom von Radiowellen oder Röntgenstrahlen freisetzen lässt. Hohe Energievorkommnisse, wie radioaktiver Zerfall, produzieren Gamma-Strahlen. Mit diesem Wissen über Energie, Atome und Strahlung machten sich die Chemiker daran herauszufinden, was die Atome zusammenhielt.

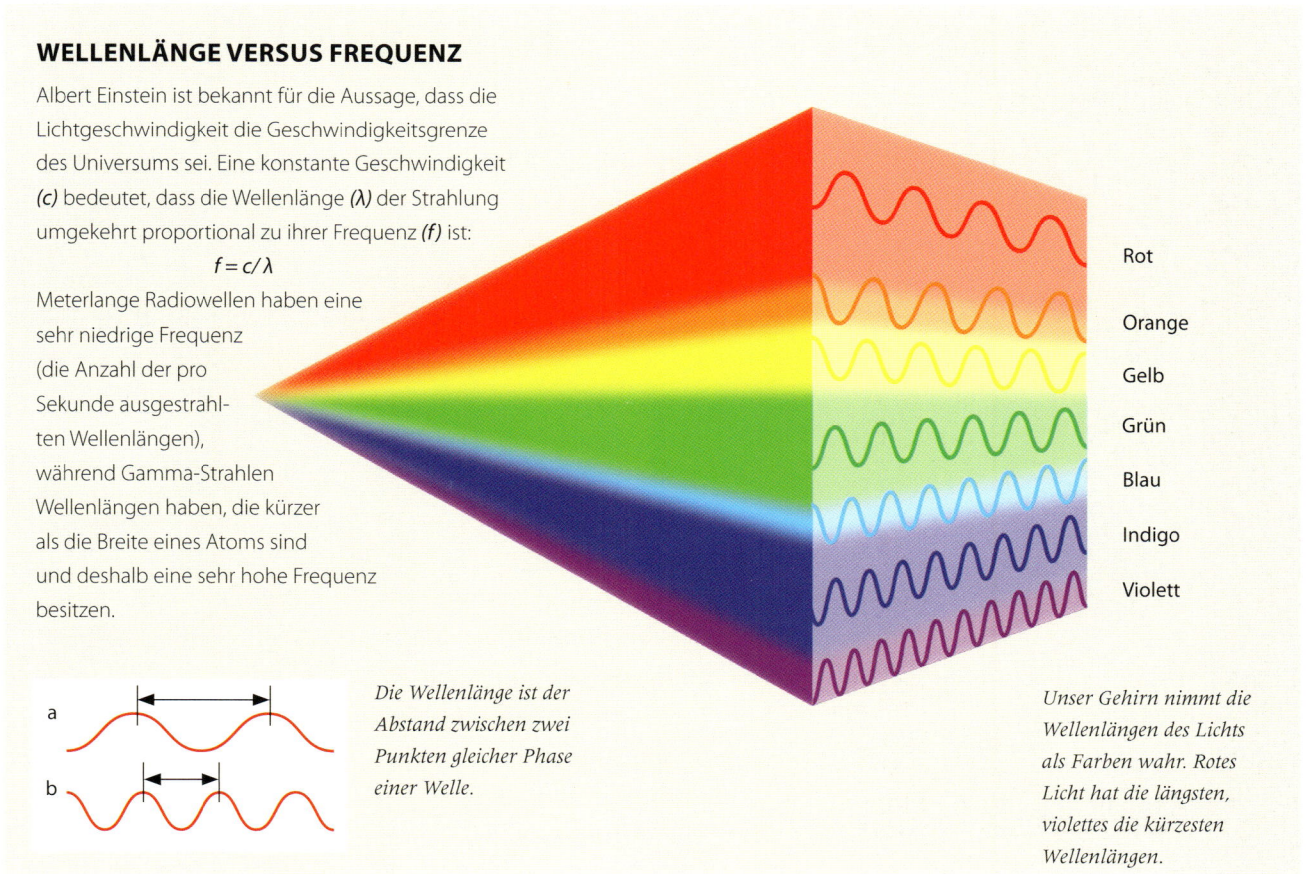

WELLENLÄNGE VERSUS FREQUENZ

Albert Einstein ist bekannt für die Aussage, dass die Lichtgeschwindigkeit die Geschwindigkeitsgrenze des Universums sei. Eine konstante Geschwindigkeit *(c)* bedeutet, dass die Wellenlänge *(λ)* der Strahlung umgekehrt proportional zu ihrer Frequenz *(f)* ist:

$$f = c/\lambda$$

Meterlange Radiowellen haben eine sehr niedrige Frequenz (die Anzahl der pro Sekunde ausgestrahlten Wellenlängen), während Gamma-Strahlen Wellenlängen haben, die kürzer als die Breite eines Atoms sind und deshalb eine sehr hohe Frequenz besitzen.

Rot
Orange
Gelb
Grün
Blau
Indigo
Violett

Die Wellenlänge ist der Abstand zwischen zwei Punkten gleicher Phase einer Welle.

Unser Gehirn nimmt die Wellenlängen des Lichts als Farben wahr. Rotes Licht hat die längsten, violettes die kürzesten Wellenlängen.

82 Protonen

ERNEST RUTHERFORD WAR VERANTWORTLICH FÜR DIE ENTDECKUNG DES ATOMKERNS UND WOLLTE IM WEITEREN ERGRÜNDEN, WORAUS ER DENN NUN BESTAND. 1917 fand er heraus, dass Wasserstoff-Atomkerne von anderen Atomen stammten.

Bereits 1815 hatte William Prout die These aufgestellt, dass die Atome aller schwereren Elemente aus vielfachen Anhäufungen von Wasserstoffatomen bestünden, der leichtesten aller Substanzen. 1917 feuerte Rutherford Alphateilchen auf Stickstoffatome (Ordnungszahl 7). Er sah, dass einige zu Sauerstoffatomen (Ordnungszahl 8) wurden und einen Wasserstoff-Atomkern abgaben. Ein Alphateilchen war ein Helium-Atomkern (Ordnungszahl 2) und somit ergab sich bei der Umwandlung von Stickstoff in Sauerstoff, dass eines seiner geladenen Teilchen in das größere Atom überging und einen Wasserstoff-Atomkern (Ordnungszahl 1) übrigließ. Daraus folgerte, dass Prout Recht hatte und die Kernladung von Teilchen getragen wurde. Wasserstoffatome besaßen nur ein solches Teilchen, das Rutherford Proton nannte, „das Erste". Es mag bizarr erscheinen, aber ein Proton hat die gleiche, nur entgegengesetzte Ladung wie ein Elektron, besitzt aber fast 2000 Mal mehr Masse.

83 Röntgenkristallografie

DIE SYMMETRIE GROSSER KRISTALLE FÜHRTE ZU DER FRAGE, OB EINE ÄHNLICHE ORDNUNG AUCH FÜR DIE ATOMGRÖSSE EXISTIERE. Um das herauszufinden, wurden sie mit Röntgenstrahlen durchleuchtet.

Elektromagnetische Strahlung verhält sich wie eine Welle, aber auch wie ein Teilchenstrom. Als Welle wird sie sich beugen, oder nach außen biegen, wenn sie durch eine Lücke geht, die der Größe ihrer Wellenlänge entspricht. 1912 fand man heraus, dass sich Röntgenstrahlen beugen, wenn sie durch Kristalle gehen.

Die gebeugten Röntgenstrahlen bilden auf fotografischen Platten ausgeprägte Muster

Damit konnte man die Räume zwischen den Atomen im Kristall messen und die Winkel, in denen die Röntgenstrahlen herauskamen konnten verwendet werden, um mögliche Strukturen der Moleküle zu bestimmen. Bis 1920 hatten sich Salzkristalle als kubisch erwiesen, Diamanten setzten sich aus Tetraedern zusammen und Graphit bestand aus einer Reihe von Hexagonen. Dann wandte sich die Aufmerksamkeit komplexeren Molekülen zu.

84 Der Benzolring

MICHAEL FARADAY HATTE DAS BENZOL (AUCH: BENZEN) 1825 ENTDECKT UND SEITHER HATTEN CHEMIKER MEHERER MOLEKULARSTRUKTUREN FÜR BENZOL VORGESTELLT. Die wahre Natur dieser merkwürdigen Verbindung mit 6 Kohlenstoffatomen sollte durch die Röntgenkristallografie ans Licht kommen.

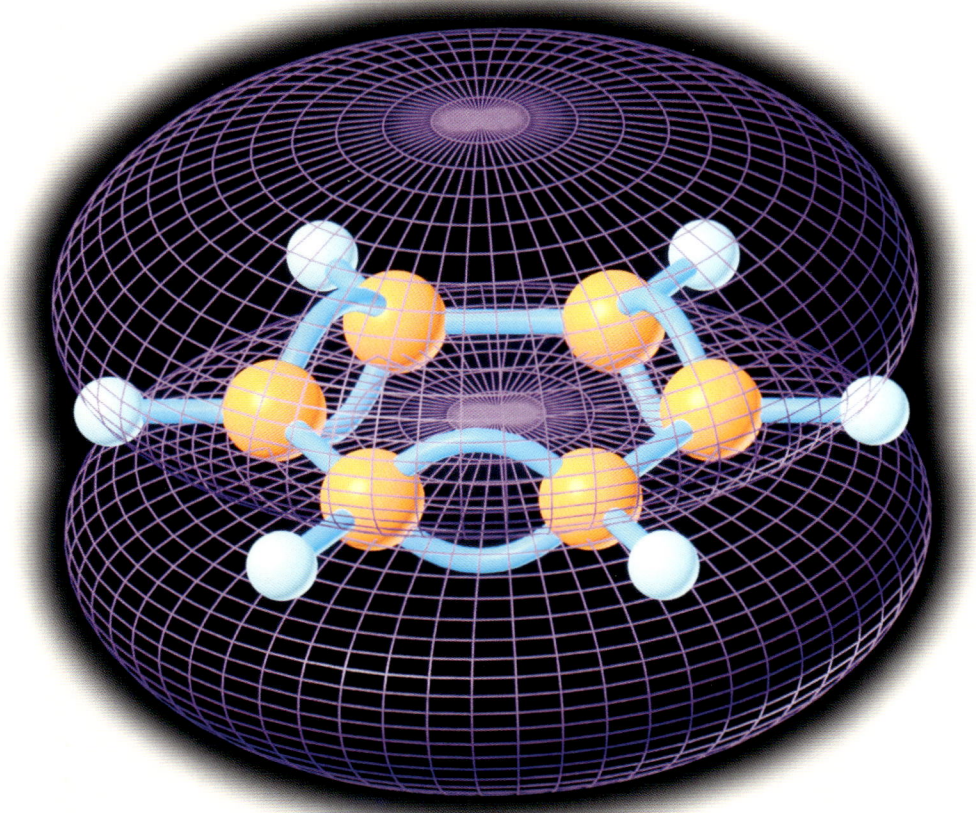

In einem Benzolring bilden alle Kohlenstoffatome vier Verbindungen. Doch die doppelten Bindungen, die drei Paare verbinden, werden von sechs Atomen geteilt.

Benzol ist zunächst einmal das, was Chemiker eine aromatische Verbindung nennen. Sie hatten festgestellt, dass Benzol einige besondere Eigenschaften hatte, aber es war nicht klar, worauf diese beruhten. Faraday hatte herausgefunden, dass Benzol 6 Kohlenstoffatome hatte, aber nur 6 Wasserstoffatome. Das machte es zu einem Puzzlespiel: Wie verbanden sich all diese Atome, wenn doch jedes Kohlenstoffatom vier Bindungen eingehen musste? Es war bekannt, dass zwei Kohlenstoffatome doppelte (und sogar dreifache) Bindungen eingehen konnten. August Kekulé hatte 1865 die Idee, dass Benzol eine Ringform bildete und 1929 wies die irische Forscherin Kathleen Lonsdale durch Röntgenkristallografie nach, dass er Recht hatte. Wie der deutsche Chemiker Johannes Thiele 1899 vorhergesagt hatte, waren die drei Doppelverbindungen, die nötig waren, um einen Ring aus Kohlenstoffatomen zu bilden, „delokalisiert" von einer bestimmten atomaren Paarbildung. Stattdessen waren die geteilten Elektronen über den ganzen Ring verteilt. Das schaffte eine wolkenartige Bindung, die der Struktur eine für aromatische Verbindungen charakteristische Stabilität verlieh. Viele solcher Verbindungen sind an Polymeren wie DNS und Plastik beteiligt.

85 Chemische Bindungen

IN DEN SPÄTEN 1920ER-JAHREN LEGTE LINUS PAULING SEINE VISION DER ATOMBINDUNG DAR, DIE IHN FÜR JAHRE ZU EINER AUTORITÄT AUF DEM GEBIET MACHTE. Er bediente sich vieler Erkenntnisse der Chemie und Physik, um die Rolle der Elektronen bei der atomaren Bindung zu beschreiben.

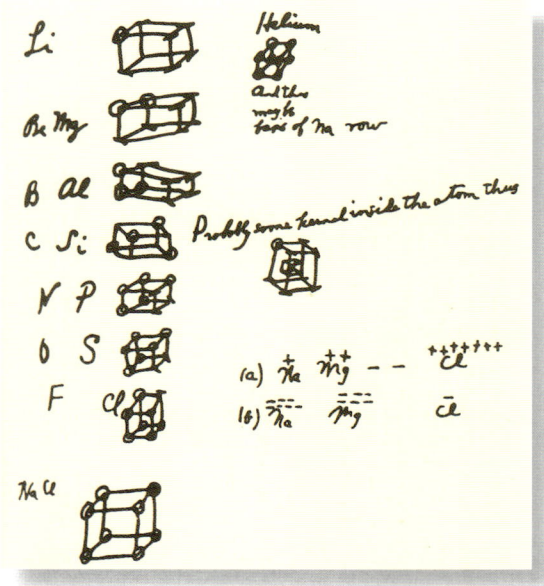

Auf der 1902 von Gilbert Lewis angefertigten Zeichnung sitzen die Elektronen verschiedener Atome an den Ecken eines Kubus.

Das von Rutherford, Bohr und anderen beschriebene Atom, das sich aus Protonen, Neutronen und Elektronen zusammensetzte, kam dem im frühen 20. Jahrhundert herrschenden Verständnis von ionischer Bindung entgegen. Der schwedische Chemiker Arrhenius hatte auf den Arbeiten von Faraday und Berzelius aufgebaut und vorgeschlagen, dass die Ionen sich in den Elektrolyten (den Flüssigkeiten, die Elektrizität leiteten) bildeten, wenn die Moleküle oder Kristalle eines Feststoffes sich in ihre geladenen Bestandteile zerlegten. Das implizierte, dass Feststoffe von elektromagnetischer Anziehungskraft zwischen Ionen entgegengesetzter Ladung zusammengehalten wurden.

Nach dem Bohrschen Atommodell wird ein Atom zu einem positiven Ion, wenn es genügend Energie erhält, damit ein Elektron das Atom verlässt. Das schafft eine Unausgeglichenheit zu dem unverändert positiv geladenen Atomkern. Im Gegensatz dazu wurden negativ geladene Ionen gebildet, wenn Atome zusätzliche Elektronen aufnahmen. Doch nicht alle Verbindungen konnten durch Ionenbindung erklärt werden. Was war mit den Substanzen, die sich nicht wie von Arrhenius beschrieben zerlegten?

Die Antwort fand der Amerikaner Gilbert Lewis. Bereits seit 1902 machte er sich Gedanken über die Perioden: Die ersten beiden Elemente, Wasserstoff und Helium, hatten gegensätzliche Eigenschaften; Wasserstoff war reaktiv und Helium träge. Die zweite Periode hatte ein ähnliches Muster, aber dort waren acht Elemente zwischen dem reaktiven Lithium und dem trägen Neon platziert. Das wiederholte sich auch in der dritten Periode. Lewis folgerte, dass die Atome eine Stabilität erreichten, wenn sie komplette Sätze von acht Elektronen besaßen. Ein Natriumatom verlor also sein einzelnes äußeres Elektron, um ein positives Ion zu werden, während Chlor

Linus Paulings Arbeiten über kovalente Bindungen ermöglichten ihm, die Länge und den Winkel jeder Bindung zu berechnen, um ein akkurates dreidimensionales Modell von Molekülstrukturen anzufertigen.

ein Elektron aufnahm, wenn es ein negativ geladenes Ion wurde. Das träge Neon gab weder etwas ab noch nahm es etwas auf, da es bereits einen kompletten Satz von acht Elektronen besaß.

Kovalenz

1916 schlug Lewis vor, dass das Gleiche bei nicht-ionischen Verbindungen geschehe, nur würden die äußeren Elektronen paarweise geteilt und nicht ausgetauscht. Diese Art der Bindung wurde als Kovalenz bekannt. Ein Jahrzehnt später stellte Linus Pauling Berechnungen an, um dieses Konzept mit Bohrs Quantenatom in Verbindung zu bringen. Für Pauling war eine kovalente Bindung ein Überlappen zwischen den Orbitalen zweier Atome. Da einige Atome Elektronen stärker anzogen als andere, wies er auch nach, dass jede chemische Bindung eine bestimmte Länge hatte und kürzere Bindungen am stärksten waren. Schließlich verwendete er die Formen der Umlaufbahnen, um selbst von den komplexesten Molekülen eine dreidimensionale Struktur darzustellen.

ZWEIFACH PREISGEKRÖNT

Linus Pauling ist einer der vier Menschen, die zwei Mal mit einem Nobelpreis ausgezeichnet wurden. 1954 erhielt er den ersten für seine Arbeit über die Natur der chemischen Bindung. 1962 wurde Pauling der Friedensnobelpreis für sein Engagement während des Kalten Krieges gegen die Verbreitung von Atomwaffen verliehen.

86 Das Neutron: Das fehlende Puzzlestück

WENN DIE ORDNUNGSZAHL DIE ANZAHL DER PROTONEN EINES ATOMS ANGAB, gab es dann noch ein anderes Teilchen, das zur Atommasse beitrug?

1920 sagte Rutherford voraus, dass es ein neutral geladenes Kernteilchen gebe, das einem Atom gemeinsam mit den Protonen seine Masse verleihe. Zu Beginn der 1930er-Jahre entdeckten Forscher, dass eine neue Art von Strahlung freigesetzt wurde, wenn Alpha-Teilchen auf Beryllium und Bor stießen. Diese Strahlung hatte keine Ladung, war aber zu stark, um aus Gamma-Strahlen zu bestehen. Der Engländer James Chadwick leitete die Strahlung in verschiedene Gase aus Molekülen unterschiedlicher Masse. Er maß die Verdrängung der Gase, um die Masse der Teilchen in der Strahlung zu berechnen und stellte fest, dass sie in etwa der Masse der Protonen entsprach. Hier war das Neutron – ein neutrales Teilchen, das den Atomkern vervollständigte.

James Chadwicks Notizen mit seinen Berechnungen für die Masse eines Neutrons, die sich als etwas höher als die eine Protons herausstellte.

87 Praktische Polymere

DIE CHEMIKER DES 20. JAHRHUNDERTS WAREN NICHT NUR IN DER LAGE, NA-TÜRLICHE SUBSTANZEN ZU ANALYSIEREN, SIE KONNTEN SIE AUCH KOPIEREN. In der Folge haben künstliche Materialien wie Nylon und Polyethylen die Gesellschaft revolutioniert.

Auch den Begriff Polymer verdanken wir Jöns Jakob Berzelius. Ein Polymer ist ein großes Kettenmolekül, das aus mehreren sich wiederholenden Einheiten, oder Monomeren besteht. Viele bekannte Substanzen in der Natur sind Polymere, zum Beispiel Zellulose im Holz, Stärke in Nahrungsmitteln und Proteine in Muskeln.

Synthetische Materialien

Natürlicher Kautschuk ist ein Polymer der organischen Verbindung Isopren, die sich in der aus Gummibäumen abgezapften Kautschukmilch findet. Dieses Material wurde bereits seit dem 18. Jahrhundert häufig verwendet. Der schottische Chemiker Charles Macintosh machte seine Regenmäntel in den 1820er-Jahren damit wasserdicht und im darauffolgenden Jahrzehnt entwickelte Charles Goodyear die Vulkanisation, bei der Kautschuk mit Kreuzverbindungen zwischen den Polymeren verstärkt wird und sich dadurch z. B. für Gummireifen eignet.

Bereits Mitte des 19. Jahrhunderts experimentierte die organische Chemie mit künstlichen Polymeren. Polyvinylchlorid, oder PVC, wurde 1835 zum ersten Mal hergestellt und stellte sich als brüchig und uninteressant heraus. Dann fanden US-Chemiker in den 1920er-Jahren auf der Suche nach einem neuen Kleber heraus, dass sie PVC durch

TEFLON

Polytetrafluorethylen ist kein geläufiger Ausdruck, meist wird es mit seinem Handelsnamen Teflon bezeichnet. Dieses Polymer wurde 1938 zufällig hergestellt, als US-Forscher versuchten, ein träges Gas zur Verwendung als Kühlmittel herzustellen – einen der heute verbotenen FCKW. Durch den Eisenbehälter katalysiert, wurde das Gas zu einem rutschigen Wachs polymerisiert. Da das Polymer so glatt ist, bleibt in teflonbeschichteten Pfannen bleibt nichts haften.

Ansicht der Nylonfasern eines Slips, unter einem Elektronenmikroskop 300-fach vergrößert.

Zusätze weicher und formbarer machen konnten. Zur gleichen Zeit plagten sich britische Forscher bei ihren Ethylen-Untersuchungen mit häufigen Explosionen. Ein nachgebauter Apparat war undicht und der zufällig eingeschlossene Sauerstoff agierte als Katalysator. Das führte zur Polymerisation von Ethylen und produzierte Polyethylen – heute das meist verwendete Plastikmaterial für Beutel und Flaschen.

Künstliche Seide

Heute können wir uns das vielleicht nur noch schwer vorstellen, aber Nylon wurde ursprünglich als eine perfekte Verbesserung der Seide angesehen. Es ist heute nicht mehr besonders geschätzt, doch der künstliche Stoff revolutionierte die Bekleidungsindustrie. Nylon wurde 1935 von einem US-Team unter Leitung von Wallace Hume Carothers entwickelt. Es fand heraus, dass flüssige Polyester feine seidige Stränge bildeten; sie testeten die Stärke von Polyamiden, indem sie einen Strang aus der Flüssigkeit zogen und damit einen Flur entlang liefen: Die Stränge blieben intakt und Nylon wurde zum ersten erfolgreichen künstlich hergestellten Stoff.

STYROPOR

Dieses leichtgewichtige Material ist ein Styrol-Polymer, eine dem Benzol ähnliche ölige Verbindung. Polystyrol ist stark, aber spröde, daraus werden z. B. CD-Hüllen hergestellt. 1949 wurde es von Fritz Stastny aus aromatische Monomeren zusammen mit Kohlenwasserstoffen entwickelt.

88 Das erste künstliche Element

MENDELEJEW LIES IM PERIODENSYSTEM EINEN PLATZ FREI FÜR DAS ELEMENT 43. Doch niemand konnte es finden, bis es vom ersten Teilchenbeschleuniger der Welt hergestellt wurde.

Es gab viele falsche Berichte über das Element 43. 1877 sagte der Russe Serge Kern, er hätte es in Platinerz gefunden – und Davyum getauft. 1908 meinte Masataka Ogawa, er habe es gefunden und gab ihm den Namen Nipponium. Es stellte sich aber heraus, dass er den ersten Nachweis für Rhenium erbracht hatte.

Am Ende stellte die Wissenschaft dieses nur schwer fassbare Element selbst her. In den 1930er-Jahren war Ernest Lawrence in Kalifornien damit beschäftigt, Zyklotronen zu entwickeln, die ersten Teilchenbeschleuniger der Welt. 1936 forderten in Sizilien arbeitende Wissenschaftler eine Probe von Zyklotronkomponenten, die radioaktiv geworden waren, für Testversuche an. Nach heutigem Standard etwas beunruhigend, schickte Lawrence diese per Post. An der Universität von Palermo fanden Carlo Perrier und Emilio Segrè zwei Isotope des Elementes 43 in der Probe. Da es von einer Maschine hergestellt worden war, wurde das Element Technetium genannt.

Technetium 99 hat eine Halbwertszeit von nur wenigen Stunden und wird deshalb als kurzfristig radioaktive Quelle zur Darstellung innerer Organe verwendet. Hier ernten Techniker 99Tc aus radioaktivem Molybdän zur Verwendung in der Nuklearmedizin.

89 Der Citratzyklus

BEREITS IM 17. JAHRHUNDERT UNTERSUCHTEN WISSENSCHAFTLER DIE ROLLE DER CHEMISCHER AKTIVITÄT BEI LEBENDIGEN ORGANISMEN. Man hatte festgestellt, dass Sauerstoff, Wasser und Kohlendioxid daran beteiligt waren, doch nur wenige sahen die unermessliche Komplexität vorher, die durch die neue Spezialisierung der „Biochemiker" im 20. Jahrhundert ans Licht kam.

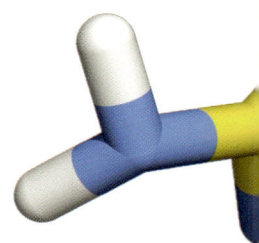

Im frühen 17. Jahrhundert verzeichnete der belgische Physiker und Alchemist Johannes van Helmont das Gewicht einer Pflanze während ihres Wachstums in einem Topf voll Erde. Das Gewicht der Erde blieb mehr oder weniger konstant, während das der Pflanze sich ständig erhöhte. Van Helmont fügte ausschließlich Wasser hinzu und zog deshalb die Schlussfolgerung, dass dieses der Pflanze die Kraft für ihr Wachstum gab.

Spätere Forschungen zeigten, dass auch Kohlendioxid beteiligt war, ein Gas, das Helmont mit als einer der Ersten verzeichnet (und *spiritus sylvestre* genannt) hatte. Joseph Priestley entdeckte, dass Tiere den Anteil von Kohlendioxid (oder „fixer Luft") in der Atmosphäre erhöhten und Pflanzen ihn reduzierten. 1778 zeigte der österreichische Arzt Jan Ingenhousz, dass eine in einem geschlossen Behälter an ihrem eigenen Kohlendioxid erstickende Maus wiederbelebt werden konnte, wenn man eine Pflanze mit hineinstellte. Sie erwachte noch schneller wieder zum Leben, wenn die Pflanze hellem Sonnenlicht ausgesetzt war.

1796 fasste der Schweizer Botaniker Jean Senebier das zusammen: Grüne Pflanzen nehmen Kohlendioxid auf und geben unter Lichteinfluss Sauerstoff ab. Wasser wurde später in die Theorie aufgenommen und man fand heraus, dass Pflanzen durch die Reaktion von Wasser mit Kohlendioxid Glukose (einen Zucker) produzieren. Diese Reaktion wurde von Lichtenergie angetrieben und Photosynthese.

Energiezyklus

Alles Leben wird von Brennstoffen wie Glukose angetrieben, die es entweder durch Photosynthese erhält, wie die Pflanzen, oder durch Fressen anderer Organismen, wie die Tiere. Der Brennstoff wird in einem umgekehrten Prozess zur Photosynthese oxidiert, man nennt das die Respiration oder Veratmung. Einfach ausgedrückt verwandelt die Respiration Glukose zurück in Kohlendioxid und Wasser und verbrennt den Zucker, um die Energie freizusetzen, die durch die Photosynthese in ihm enthalten ist. Alle Lebewesen veratmen und produzieren Kohlendioxid. Bei einem Tier ist dies ein giftiges Abfallprodukt und wird ausgeatmet – wie einige Chemiker dargelegt hatten. Pflanzen geben ebenfalls Kohlendioxid ab, wenn es dunkel ist. Doch wenn die Sonne scheint, recycelt die Pflanze das Gas für die Photosynthese und gibt diesmal Sauerstoff als Abfallprodukt ab – damit stellt sie sicher, dass die Luft wieder mit dem für alle Lebewesen so lebenswichtigen Sauerstoff angereichert wird. Glukose brennt natürlich nicht im physischen Sinne. Die Respiration entzieht ihr die Energie in mehreren Schritten.

ENERGIETRÄGER

Adenosintriphosphat-Moleküle, kurz ATP (oben), sind die Kraftmaschinen einer Zelle. Wie der Name vermuten lässt, enthält jedes von ihnen drei Phosphate. Wenn es ein Phosphat abgibt, überträgt ATP seine gespeicherte Energie auf einen anderen Prozess im Metabolismus – und wird im Prozess zu einem Adenosinbiphosphat, kurz ADP. Der Citratzyklus verwendet die Energie aus der Glukose dann, um Phosphate hinzuzufügen und ADP zurück in ATP zu verwandeln. Ein Glukose-Molekül allein kann 38 ATP aufnehmen.

1937 verfolgte ein Team unter Leitung von Hans Adolf Krebs, einem aus Deutschland emigrierten jüdischen Wissenschaftler, der im englischen Sheffield arbeitete, den Weg, den die Glukose während ihrer „Veratmung" durch den Metabolismus nahm. Krebs stellte einen aus 12 Stadien bestehenden Kreislauf fest, der damit begann, dass Kohlenstoff6 Glukose in ein Zitrat verwandelt wurde, eine weitere C6 Verbindung, die mit Zitronensäure verwandt ist. Wo Verbindungen von einer zur nächsten übergingen, wurde Energie abgegeben und bei dem Prozess Kohlendioxid-Moleküle freigesetzt. Das letzte Stadium in dem sogenannten Citratzyklus ist eine als Oxalacetat bekannte C4-Verbindung, aus der wiederum ein anderes Citrat entsteht – und so wiederholt sich der Zyklus.

Erst nach und nach realisierte die wissenschaftliche Gemeinschaft, dass Krebs den zentralen Prozess allen Lebens gefunden hatte. 1953 wurde ihm der Nobelpreis verliehen und der Citrat-Zyklus wird auch der Krebs-Zyklus genannt. Durch Arsen, Cyanid und Rattengift wird der Citrat-Zyklus gestört, ohne den das Leben nicht fortgesetzt werden kann.

Hans A. Krebs fand jede einzelne Verbindung im Citratzyklus, indem er dem jeweils nachfolgenden Stadium den Weg versperrte und den verbleibenden chemischen Stoff identifizierte.

Die Ergebnisse von Krebs' Arbeit wurden 1957 nach der Nobelpreisverleihung in diesem Büchlein veröffentlicht.

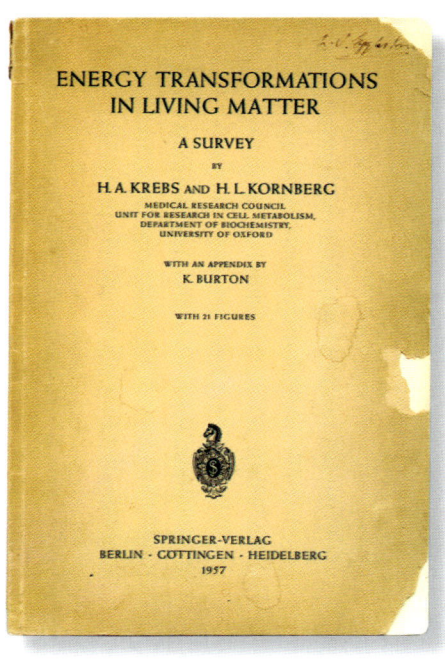

ENERGY TRANSFORMATIONS
IN LIVING MATTER

A SURVEY

BY

H. A. KREBS AND H. L. KORNBERG

MEDICAL RESEARCH COUNCIL
UNIT FOR RESEARCH IN CELL METABOLISM,
DEPARTMENT OF BIOCHEMISTRY,
UNIVERSITY OF OXFORD

WITH AN APPENDIX BY

K. BURTON

WITH 21 FIGURES

SPRINGER-VERLAG
BERLIN · GÖTTINGEN · HEIDELBERG
1957

90 Kernspaltung

ALBERT EINSTEINS BERÜHMTE GLEICHUNG E = MC² ZEIGT, DASS ENERGIE UND MASSE ÄQUIVALENT SIND. C steht für die Lichtgeschwindigkeit, m für die Masse und E für die Ruheenergie. Durch diese Gleichung können wir verstehen, dass sogar die kleinste Masse eine enorme Menge Energie enthalten kann.

Alles begann mit dem Neutron. Der italienische Physiker Enrico Fermi sah das Neutron als einen bedeutenden Bestandteil für die Untersuchung der Nuklearphysik an. Im Gegensatz zu den zuvor verwendeten Alphateilchen hatte das Neutron keine Ladung und wurde dadurch nicht von elektromagnetischen Kräften hinweggefegt, die im Innern der Atome wirkten. Fermis Team beschoss alle möglichen Atome zu und gab 1934 bekannt, dass ein Element mit der Ordnungszahl 94 aus Uran hergestellt worden sei (Fermi nannte es Hesperium).

Otto Hahn, ein Forscher aus Berlin, begann mit ähnlichen Experimenten. 1938 entdeckte er in einer Uranprobe Barium, nachdem sie mit Neutronen beschossen worden war. Seine Kollegin Lise Meitner wies nach, dass Barium entstand, weil ein Neutron mit einem Urankern verschmolz und ihn

ein Urankern teilt sich in zwei

Energie und Neutronen werden freigesetzt

Hier ist der Moment dargestellt, als der erste Kernreaktor der Welt, der Chicago Pile 1, um 3:22 Uhr am 2. Dezember 1942 in einer stillgelegten Sporttribüne der University of Chicago selbsterhaltend lief.

In einer nuklearen Kettenreaktion (Kernspaltung) wird der Atomkern gespalten. Er setzt Energie und mehr Neutronen frei, die andere Atome spalten und noch mehr Energie und Neutronen freisetzen.

so instabil machte, dass er, anstatt normal zu zerfallen, sich in zwei Teile gespalten hatte – da war die Atomkernspaltung.

Gefahr im Verzug

Die Berechnungen zeigten, dass, wie Einsteins Gleichung voraussagte, Kernspaltreaktionen eine unmäßige Menge an Energie entluden, eine potenzielle Kraft, die sich vielleicht nutzen ließ. Der ungarische Wissenschaftler Léo Szilárd realisierte, dass es eine Kettenreaktion geben würde, wenn bei einer Kernspaltung zwei oder mehr Neutronen freigesetzt wurden. Die Spaltung jedes Atomkerns würde mindestens zwei weitere nach sich ziehen, bis alle spaltbaren Atomkerne aufgebraucht wären. Unkontrolliert konnte das zu einer verheerenden Explosion führen. Szilárd überzeugte Fermi (der vor den Nazis nach New York geflohen war) diese Entwicklung zu verschweigen. Frédéric Joliot-Curie (Marie Curies Schwiegersohn) tat das jedoch nicht. Er berichtete 1939, dasa der Atomkern des seltenen 235Uran Isotops bei einer Kernspaltung mindestens drei Neutronen produzieren würde. Die Welt versank im Krieg; der Wettlauf um die Kontrolle der Kernspaltungs-Kettenreaktion und damit auch um die Schaffung der entscheidenden Waffe hatte begonnen.

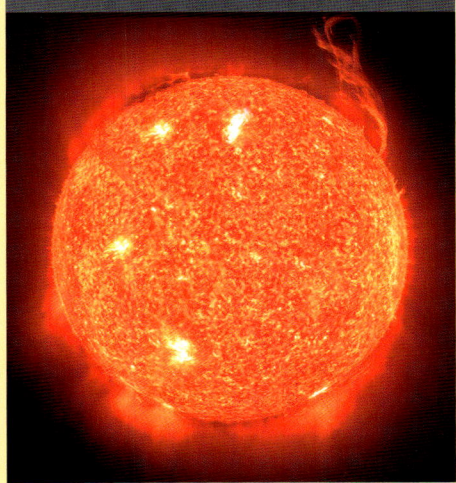

KERNFUSION

Sterne (auch unsere Sonne) leben nicht von der Kernspaltung, sondern von der Kernfusion. Bei diesem Prozess werden kleine Atomkerne, wie die des Wasserstoffs, zusammengedrückt, bis sie einen einzigen, schwereren Atomkern bilden. Die dafür benötigten Kräfte sind enorm, so wie im Zentrum der Sonne, die einen 250 Milliarden Mal so hohen Druck hat wie die Erdatmosphäre.

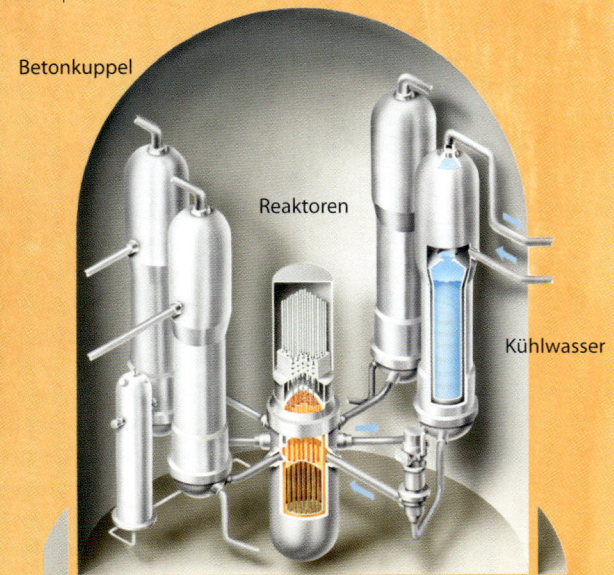

KERNKRAFT

Ein Kernkraftwerk arbeitet wie jedes Wärmekraftwerk. Es benutzt Dampf für den Antrieb von Turbinen, die mit einem Elektrizitätsgenerator verbunden sind, um Elektrizität zu produzieren. Der Dampf wird mit der Hitze aus der Spaltung des nuklearen Brennstoffs im Reaktor erzeugt. Die Kernspaltung wird durch Borstäbe unter Kontrolle gehalten, die die Neutronen aufsaugen. Dadurch wird vermieden, dass die Kettenreaktion so schnell stattfindet, dass sie eine Explosion auslöst.

Betonkuppel

Reaktoren

Kühlwasser

Chicago Pile 1

1942 baute Enrico Fermi an der University of Chicago den ersten Kernreaktor der Welt, den Chicago Pile 1. Er bestand aus Graphitblöcken, die die Neutronen auf den Uranbrennstoff bündelten und damit eine Kettenreaktion auslösen sollten. Mit heutigen Worten ausgedrückt war der nukleare Brennstoff nicht angereichert, was bedeutete, dass er nur 0,7 Prozent spaltbare ^{235}U Isotope enthielt.

Die Kernspaltung war nun eine Naturkraft, die der Mensch unter seine Kontrolle gebracht hatte. Auf Fermis Projekt folgte das Manhattan-Projekt, bei dem ^{235}U isoliert werden sollte, um es für die Atombombe zu verwenden. (Die Nationalsozialisten ließen in Deutschland an einem ähnlichen Projekt arbeiten.) Nur ein Jahrzehnt nach Hiroshima und Nagasaki wurden angereicherte Brennstoffe als Wärmequellen in zivilen Energiekraftwerken verwendet und das erste atomgetriebene U-Boot verfügte über ausreichend Energie, um vier Monate unter Wasser zu bleiben.

Das nächste Ziel ist die Nutzbarmachung der Kernfusion. Wissenschaftler aus aller Welt arbeiten im internationalen Forschungsprojekt der Reaktoranlage ITER in Südfrankreich gemeinsam daran.

Hintergrund: Beim Atombombenangriff auf Nagasaki wurde 1945 nur ein Gramm des Kernmaterials in seine entsprechende Energie umgewandelt. Die daraus resultierende Explosion tötete 70.000 Menschen.

91 Transurane

ZU BEGINN DES ATOMZEITALTERS LIEFERTE DIE ARBEIT VON ENRICO FERMI HINWEISE DARAUF, DASS DAS PERIODENSYSTEM AUSGEWEITET WERDEN MÜSSTE. Uran, das schwerste natürlich vorkommende Element, war nicht das größtmögliche Atom. Größere, schwerere und relativ stabile Atome konnten im Labor hergestellt werden.

Anfang der 1930er-Jahre beschoss Fermi in Rom für seine Forschung alle möglichen Materialien mit Neutronen, um zu sehen, ob sich dadurch irgendwelche Kernveränderungen ergaben. Als er berichtete, dass eine Probe beschossenen Urans Spuren von einem Element mit der Ordnungszahl 94 aufwies, nahmen das nur wenige Personen ernst. (Was sich später als Fehler herausstellte.) Zu der Zeit war man fest davon überzeugt, dass Uran mit seiner Ordnungszahl 92 das größte Atom im Universum sei. Wenn es noch massivere Elemente gäbe, warum hatte man dann keines in der Natur gefunden?

Es gab aber einen bekannten Mechanismus, mit dem Uranatome ihre Ordnungszahl erhöhen konnten. Während der Alpha-Zerfall einfach die Freigabe von zwei Protonen und Neutronen aus einem radioaktiven Atomkern ist, gestaltet sich der Beta-Zerfall etwas komplizierter. Dafür muss ein Neutron sich in ein Proton und ein Elektron aufspalten. Das Elektron wird dann freigesetzt – das Betateilchen – doch

Glenn Seaborg 1950 mit einer Ionenaustauschsäule, die der Isolierung von Schwermetallen diente. Er entdeckte zehn neue Elemente – Plutonium, Americium, Curium, Berkelium, Californium, Einsteinium, Fermium, Mendelevium, Nobelium und Seaborgium.

RADIOAKTIVITÄT ZUHAUSE

Das radioaktivste Gerät in einem Haushalt – wenn auch vollkommen sicher – ist der Rauchmelder. Er ist mit einer winzigen Menge ^{241}Americium versehen – weniger als ein Millionstel Gramm. Dieses Isotop, dass 1944 zum ersten Mal von Seaborgs Team in Berkeley hergestellt wurde, hat eine Halbwertszeit von etwa 420 Jahren. Wenn es zerfällt, ionisiert die Strahlung die Luft im Detektor und lässt eine kleine Menge elektrischen Stroms hindurchfließen. Wenn Rauchpartikel in den Detektor gelangen, blockieren sie den Stromfluss und lösen den Alarm aus.

das Proton bleibt im Atomkern und erhöht die Ordnungszahl um 1. 1940 wies der amerikanische Nuklearchemiker Edwin McMillan nach, dass beim Beschuss von ^{238}Uran (^{238}U), dem Hauptisotop von Uran, ^{239}U entstand, ein kurzlebiges Isotop, das über Beta-Zerfall zum Element 93 transmutierte. Dieses erste transuranische Element wurde Neptunium genannt (nach dem auf Uranus – von dem der Begriff Uran abgeleitet wurde – folgenden achten Planeten Neptun).

Im Jahr darauf verwendete sein amerikanischer Kollege Glenn Seaborg ein Zyklotron, wie das bereits für die Herstellung von Technetium verwendete, um Uran mit Deuterium zu beschießen. (Deuterium ist ein schweres Wasserstoff-Isotop, dessen Kern ein Proton und ein Neutron enthält.) Das Ergebnis war Element 94 – nach dem Planeten Pluto, den man zu der Zeit für den neunten Planeten hielt – Plutonium genannt. Seaborg machte sich daran, einen Weg zur Herstellung großer Mengen Plutonium für das Manhattan-Projekt zu finden. Die erste Atomexplosion (der Trinity-Test in New Mexico, Juli 1945) und die im selben Jahr auf Nagasaki abgeworfene Bombe Fat Boy wurden mit Plutonium hergestellt, dass hauptsächlich im Hanford-Werk in Washington hergestellt wurde.

Sterne erforschen

Das stabilste Isotop von Neptunium hat eine Halbwertszeit von zwei Millionen Jahren, die von Plutonium ist zehn Mal so lang. Deshalb ist es möglich, dass diese beiden Elemente einstmals im Erdgestein vorhanden waren, aber nun zerfallen sind. Die Astronomen wandten die Erkenntnisse der Atomphysik auf die Sterne an, um zu erklären, wie Kernfusionen Wasserstoff in Helium und dann in gewöhnliche Elemente bis hin zu Eisen verwandelten. Allerdings wandten die Astronomen ein, dass schwerere Elemente durch die immensen Kräfte einer Supernova entstehen, bei der ein gigantischer Stern mit solcher Gewalt explodiert, dass leichte Atome zusammengedrückt werden und massivere Atomkerne formen.

Atome zerschmettern

1944 benutzten Seaborg, aber auch Albert Ghiorso und andere, einen Zyklotron dafür, alle möglichen Atomkerne und andere Atomteilchen zu zerschmettern, um noch exotischere Substanzen zu erschaffen. Der Zyklotron verwendete magnetische und elektrische Felder, um ungeladene Teilchen in eine Spirale zu lenken, damit sie mit großer Geschwindigkeit auf ein zentrales Ziel prallten – genug, um eine nukleare Reaktion auszulösen. Über die Jahrzehnte hat Seaborg mehr als 100 neue Isotope geschaffen und insgesamt 9 neue Elemente. (Albert Ghiorso war bei mehreren Gelegenheiten Seaborgs Mitentdecker und führte seine Arbeit fort. Er entdeckte weitere 12 neue Elemente – ein Weltrekord.) Bis 2012 wurden 26 transuranische Elemente identifiziert.

Ein ^{238}Plutonium Stab wird vom Leuchten seiner eigenen Radioaktivität erhellt.

92 Miller-Urey-Experiment

**NACH DEN KRIEGSBEDINGTEN FORSCHUNGEN DES ZWEITEN WELT-
KRIEGS HINSICHTLICH MASSENVERNICHTUNGSWAFFEN,** nutzen viele
der daran beteiligten Wissenschaftler ihre Erkenntnisse um in
Friedenszeiten das Leben selbst zu erforschen.

Der amerikanische Wissenschaftler Harold C. Urey war einer der wichtigsten
Beteiligten am Manhattan-Projekt und hatte Gasdiffusionstechniken für die
Anreicherung von Kernexplosionsstoffen entwickelt. Nach der Entdeckung des
schweren Wasserstoffes Deuterium erhielt er 1934 den Nobelpreis für Chemie.
(Schweres Wasser ist D_2O, das mit Deuterium, einem Isotop von Wasserstoff mit
der Atommasse 2 anstelle von 1, hergestellt wird.)

Nach dem Krieg richtete er seinen Forschungen gen Himmel und begann,
die chemische Beschaffenheit der Planetenatmosphären zu studieren und Ver-
gleiche und Gegenüberstellungen über ihre eventuelle Entstehung und Veränderung im Laufe der Zeit anzufertigen. Er stellte die These auf, dass die frühe
Erdatmosphäre keinen freien Sauerstoff besessen hatte, sondern hohe Anteile
von Wasserdampf, Methan, Ammoniak, Kohlendioxid und Wasserstoff. Stanley
Miller war einer von Ureys Studenten und nahm an,
dass diese chemischen Stoffe die Rohstoffe für die sogenannten Bausteine des Lebens gewesen seien – Proteine,
Fette und Kohlenhydrate.

PANSPERMIE

Mehrere große Wissenschaftler
wie Svante Arrhenius und Fred
Hoyle vertraten die Ansicht, dass das
Leben in Form von Mikroben auf
unserem Planeten durch Meteorite-
neinschläge gelangt sei. Variationen
dieser Theorie schlugen vor, dass
das Leben auf der Erde von Zellen
oder auch komplexe biochemi-
sche Stoffe „gesät" worden sei, die
sich auch weiterhin im Universum
ausbreiteten.

Simulation der Uratmosphäre

1953 entschieden die beiden, diese Hypothese zu prüfen und schu-
fen einen Mikrokosmos der primordialen Bedingungen auf der Erde.
Sie schlossen Gase und Flüssigkeiten in ein komplexes Netzwerk von
Röhren und Gefäßen ein, in denen die Inhalte an verschiedenen
Punkten erhitzt, gekühlt, gerührt und elektrifiziert wurden, sodass
das Gemisch permanent gekocht, kondensiert und mit Energie

WIEGE DES LEBENS?

Das überhitzte Wasser einer hydrothermalen Spalte birgt ungewöhnliche Formen mikroskopischen Lebens in sich. Während es für die meisten modernen
Organismen kein geeigneter Lebensraum ist, war dies wahrscheinlich der
stabilste Lebensraum auf der noch jungen Erde, die ansonsten von häufigen
Kometeneinschlägen und Vulkanausbrüchen heimgesucht wurde. Leben
braucht Stabilität, um sich zu entwickeln und die Biochemiker sind überzeugt,
dass warme, chemisch reichhaltige Felsspalten auf dem Meeresgrund wahrscheinlich der Ort erster Entwicklung von Leben waren.

versorgt wurde, um mit allem zu reagieren, was es umgab. Sie ließen den Apparat durchgehend laufen. Innerhalb eines Tages war das klare Gemisch rosa geworden und innerhalb einer Woche hatten über zehn Prozent der Kohlenstoffatome organische Verbindungen gebildet, wie zum Beispiel Aminosäuren. Aminosäuren sind Monomere, Einheiten, die sich zu Proteinen verketten. Es gibt etwa 20 Aminosäuren, die in Organismen verwendet werden. Miller verkündete, dass das Experiment elf davon ergeben hätte. Eine moderne Analyse des Apparates ergab, dass 20 Aminosäuren in der brodelnden Vielfalt der in dem Experiment stattfindenden Reaktion gebildet worden waren.

Bei Wiederholungen des Experiments wurden auch Stickstoffoxide und Schwefelverbindungen zugefügt, die bei Vulkaneruptionen freigesetzt worden wären. Das ergab eine noch viel breitere Ausbeute an biologisch aktiven chemischen Stoffen. Obwohl die chemischen Prozesse noch nicht nachgewiesen waren, hatten Miller und Urey gezeigt, dass das Leben aus den einfachsten Verbindungen hatte entstehen können.

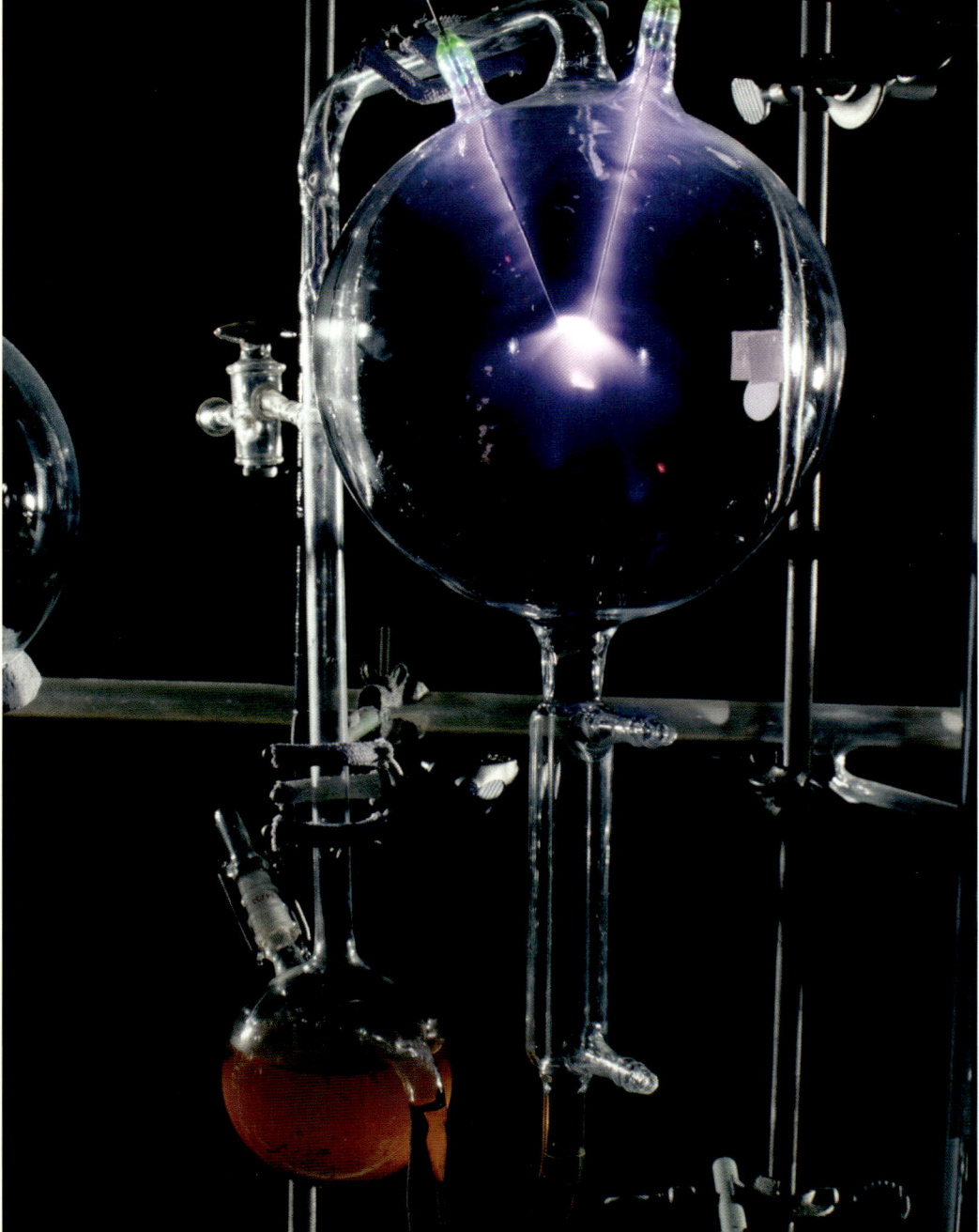

Das Miller-Urey-Experiment wurde viele Male wiederholt, auch mit neueren Apparaten, wie dieser Version aus dem Jahr 1983.

93 DNA-Code

EINES DER KOMPLEXESTEN UND ERSTAUNLICHSTEN VON DER BIOCHEMIE GELÖSTEN RÄTSEL WAR DIE ENTSCHLÜSSELUNG DER DNA-STRUKTUR. Damit entstand eine ganz neue Wissenschaft – die Genetik.

Die von Charles Darwin 1869 entwickelte Evolutionstheorie bezog sich auf ein bis dahin noch unbekanntes genetisches Material, das von Generation zu Generation weitergegeben wurde und in sich die ererbten Charakteristiken der Gene trug. Im gleichen Jahr wurde eine Substanz, die nur in Zellkernen vorkommt, entdeckt.

James Watson und Francis Crick führen 1953 ein Modell der DNA-Doppelhelix vor.

Kurz darauf stellte man fest, dass dieses sogenannte Nuklein eine Ribose, Phosphate und fünf aromatische Basiskomponenten enthielt. Zusammen formten sie lange Ketten einer Nukleinsäure namens Desoxyribonukleinsäure, kurz DNS oder heute meist DNA genannt. 1928 wurde klar, dass diese DNA das bereits von Darwin gepriesene genetische Material war. Doch wie arbeiteten ihre relativ einfachen Bausteine zusammen, um Informationen zu übermitteln?

Die Doppelhelix

Mehrere Forscherteams machten sich an die Lösung des Problems. Sogar der große Linus Pauling suchte nach der Struktur. Der verlässlichste Ansatz war die Verwendung von Röntgenkristallografie zur Berechnung der Geometrie der DNA. Aber es war eine mühevolle Arbeit, solch ein großes und komplexes Molekül zu erforschen. Der Engländer Francis Crick war ein weiterer Physiker, der sich nach dem Krieg der Biologie zugewandt hatte. Er tat sich an der Cambridge University mit dem Amerikaner James Watson zusammen, um ein Modell der DNA-Struktur aus den wie auch immer gearteten vorliegenden Nachweisen zu bauen. 1952 erhielten sie eine Röntgenaufnahme (als Photo 51 bezeichnet) von Maurice Wilkins am King's College in London, auf der zu sehen war, dass die DNA zwei Stränge hatte, die eine Spirale formten – eine Doppelhelix.

1953 kündigten Crick und Watson dann eine arbeitsfähige Struktur für die DNA an, mit der gezeigt werden konnte, wie ein chemischer Stoff Informationen übertrug. Die Seiten der wie eine Leiter geformten Helix bestanden aus Ribose und waren durch Phosphate miteinander verbunden. Basenpaare bildeten die „Sprossen". Lediglich vier der fünf identifizierten Basen wurden verwendet und sie gingen immer eine Bindung mit einem spezifischen Partner ein: Thymin verband sich mit Adenin und Cytosin bildete mit Guanin ein Paar. Uracil, die fünfte Base, ersetzt Thymin in der RNA (Ribonukleinsäure, ein verwandter chemischer Stoff). Das von Crick und Watson erstellte Molekül verdeutlichte einen Code, der die vier Basen als Charaktere nutzte, oft mit den Buchstaben ATGC abgekürzt. Ein Gen war ein DNA-Strang mit einer einzigartigen Sequenz von Basen. Die Frage, wie der DNA-Code die Augenfarbe oder eine Erbkrankheit bestimmt, hat seither die Wissenschaft der Genetik beschäftigt und ist noch nicht vollständig beantwortet.

EIN FOTO ALS BEWEIS

Photo 51 wurde von Rosalind Franklin aufgenommen, einer Biochemikerin am Londoner King's College. Ihr Doktorvater Maurice Wilkins brachte es ohne ihr Wissen zu Crick und Watson. Franklins Arbeit wurde in der gleichen Zeitschrift veröffentlicht wie die Entdeckung der Doppelhelix, doch ihr wurde von den Entdeckern nur wenig Anerkennung zuteil. Crick, Watson und Wilkins erhielten 1962 den Nobelpreis; Rosalind Franklin war vier Jahre zuvor an Krebs gestorben.

94 Enzyme

ENZYME SIND BIOLOGISCHE KATALYSATOREN, DIE EINE SPEZIFISCHE FUNKTION AUSÜBEN. Es gibt 4000 gegenwärtig bekannte Enzyme, von denen jedes aus einem Protein gebildet wird, dessen Struktur von einem DNA-Gen kodiert ist.

Das Leben wird von der chemischen Aktivität lebloser Einheiten aufrechterhalten; sie heißen Enzyme. Der Begriff wurde zunächst in Beziehung zu der Aktivität von Hefe beim Brauen und Gären von Brotteig gebildet und vom griechischen Wort für Hefegärung abgeleitet. Seither ist er etwas genauer definiert worden und bezeichnet jede biologische Einheit, die Substanzen abbaut (Katabolismus) oder aufbaut (Anabolismus).

1897 wies Eduard Buchner nach, dass Enzyme ebenso gut auch außerhalb einer Zelle oder Körpers arbeiteten. Man fand bald heraus, dass sie alle Proteine mit spezifischen Strukturen und Formen waren und eine zentrale Bedeutung für den Metabolismus (Stoffwechsel) hatten. Wenn seine Form durch Wärme oder chemische Aktion denaturiert wurde, arbeitete das Enzym nicht länger.

Dieses Proteinmolekül konvertiert Serotonin in Melatonin, das Hormon, das den Tag- und Nachtrhythmus steuert.

ENZYM-SUBSTRAT-KOMPLEX

Enzyme sind keine Multitasker. Sie können nur eine Art von Material verarbeiten, d. h. nur ein Substrat binden. Bereits 1894 hatte man verstanden, dass die Form des Enzyms genau zu seinem Substrat passt. Der Bindungsbereich wird auch die aktive Seite des Enzyms genannt. Das Substrat verbindet sich mit dem Enzym und wird dabei chemisch zu einem Produkt. Viele Giftstoffe arbeiten so: sie binden sich an die aktive Seite und blockieren dann die Aktion wichtiger Enzyme.

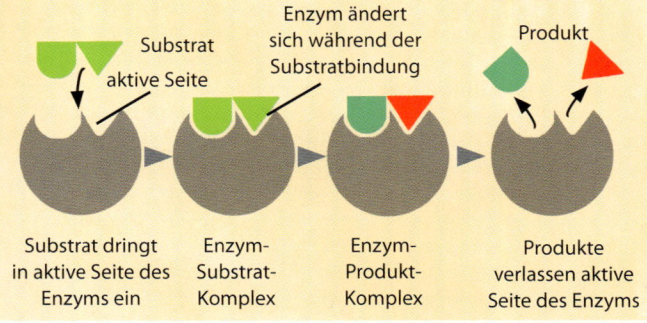

Substrat
aktive Seite

Enzym ändert sich während der Substratbindung

Produkt

Substrat dringt in aktive Seite des Enzyms ein

Enzym-Substrat-Komplex

Enzym-Produkt-Komplex

Produkte verlassen aktive Seite des Enzyms

Aminosäureketten

Ein Protein ist ein Polymer aus Aminosäuren und ein typisches Enzym enthält Hunderte, wenn nicht Tausende dieser Einheiten. In der Natur werden etwa 20 Aminosäuren verwendet und der genetische Code der DNA ist eine Liste von Aminosäuren für Enzyme und andere Proteine. Diese erfüllen dann alle anderen Funktionen, die der Körper benötigt. Die Anordnung, die sie in einem Protein einnehmen, wird die Primärstruktur genannt.

1965 identifizierten Röntgenkristallografen zuerst die Struktur eines Enzyms (des für die Verdauung nötigen Lysozyms) und wiesen damit nach, dass die Primärstruktur eines Proteins in eine sekundäre übergeht, was dadurch verursacht wird, dass die lange Säurekette sich faltet und um sich selbst eindreht. Das kann zu tertiären und sogar quartären Strukturen führen. Eine kleine Veränderung oder Mutation des Codes kann eine einzelne Aminosäure verändern und signifikante Auswirkungen auf die Struktur und Funktion des Enzyms haben.

95 Fullerene

BIN DIE 1980er-JAHREN GAB ES DREI BEKANNTE ALLOTROPE MODIFIKATIONEN, ODER ERSCHEINUNGSFORMEN, VON KOHLENSTOFF: DIAMANT, GRAPHIT UND RUSS. Dann wurde eine komplexe neue Form entdeckt, in der die Kohlenstoffatome perfekte Sphären von unterschiedlicher Größe formen – die Fullerene.

Kohlenstoffatome können bis zu vier Bindungen mit anderen Atomen eingehen. Diamant umfasst wiederholte Einheiten von fünf Kohlenstoffatomen in der Form von Tetraedern, oder Pyramiden. Die vier Ecken dieser Pyramide sind aus vier Kohlenstoffatomen geformt, die an das fünfte Atom im Zentrum gebunden sind. Zusammen angeordnet formen diese Tetraeder ein immens starkes Gitter, deshalb ist der Diamant das härteste Material auf unserem Planeten. Im Gegensatz dazu ist Graphit sehr weich. Seine Kohlenstoffatome sind in Schichten aus Hexagonen angeordnet. Jedes Atom ist stark an drei andere gebunden, während eine schwächere vierte Bindung die Atome an die anderen Schichten darüber oder darunter bindet; das heißt, die Schichten bewegen sich leicht übereinander. Deshalb wird Graphit als Festschmierstoff oder in Bleistiftminen verwendet.

Runder Kohlenstoff

Ein Fulleren gleicht einer Graphitschicht aus Hexagonen, die zu einem Ball geformt wird. 20 bis 100 Kohlenstoffatome können daran beteiligt sein, meist sind es aber 60. C_{60} war das erste Fulleren, das identifiziert wurde und mit vollem Namen Buckminster-Fulleren heißt. Fulleren ist der allgemeine Begriff, mit dem ähnliche Moleküle benannt werden. Bereits 1970 wurde die Existenz von C_{60} vorhergesagt; nachgewiesen wurde es bei der Spektralanalyse von Staubwolken im Weltall. Auf der Erde wurde es aber erst 1985 synthetisiert, als eine Graphitscheibe in einer Heliumatmosphäre von einem pulsierenden Laser bestrahlt wurde. Der Kohlenstoff des Graphits verband sich zu fünf- und sechseckigen Ringstrukturen, die sich in einer Reaktionskammer unter anderem zu Fullerenen verbanden. Das ineffiziente Verfahren wurde 1990 verbessert, doch die US-Chemiker Richard E. Smalley und Robert F. Curl erhielten 1996 gemeinsam mit ihrem englischen Kollegen Harold Kroto den Nobelpreis für diese Arbeit.

Zunächst waren Fullerene eine Art Kuriosität. Sie existierten in der Natur nur in winzigen Mengen, meist in von Blitzen hinterlassenem Ruß. In späteren Entwicklungen jedoch rückten Kohlenstoff und seine Fullerene ins Zentrum einer potenziell revolutionären Technologie.

Ein C_{60}-Fußballmolekül, besteht aus 20 Sechsecken und 12 Fünfecken.

DER NAME

Fullerene und das Buckminster-Fulleren sind nach Richard Buckminster Fuller benannt, einem amerikanischen Architekten, der für seine geodätischen Kuppeln bekannt ist, die leichtgewichtig große Flächen überspannen. Er entwarf die Kuppeln in den 1950er-Jahren und Chemiker fanden erst später heraus, dass Kohlenstoffatome genau die gleichen Formen bildeten.

Die Biosphère in Montreal hat Buckminster Fuller für die Expo 1967 entworfen.

96 Rastertunnelmikroskop

MITTE DER 1980ER-JAHRE WURDE DAS RASTERTUNNEL-MIKROSKOP ENTWICKELT, UM ATOME ABZUBILDEN. Dieser Apparat erlaubte den Chemikern einen neuen detaillierten Blick auf ihre Elemente.

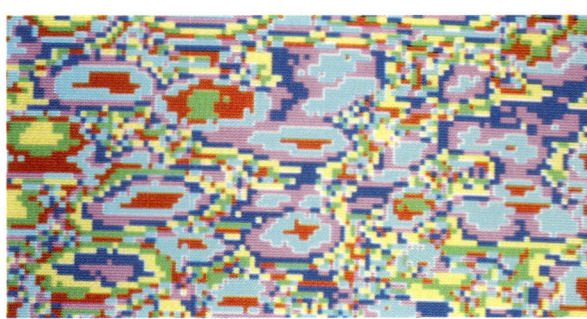

Das Rastertunnelmikroskop (RTM) macht Strukturen bis etwa 0,1 Nanometer (also 10^{-10} m) sichtbar – das ist die Größe eines Heliumatoms. Wasserstoff ist das einzige Element, dass man noch nicht sehen kann. Das Mikroskop verwendet eine elektrisch leitende Wolfram-Sonde, die sich zu einer Spitze von der Breite eines Atoms verjüngt. Wenn die Spitze nah genug an eine Probe kommt, findet ein sog. quantenmechanischer Tunneleffekt statt, bei dem ein Elektronenwirbel den Weg zwischen Sonde und dem nächsten Atom darunter zurücklegt. Bei diesem wechselwirkenden Prozess wird die exakte Position des Atoms mit einem Tunnelstrom abgerastert.

Dieses RTM-Bild eines Stücks Platin gleicht einer Konturkarte, auf der jedes 10 nm große Atom als roter Gipfel aus der Oberfläche hervortritt.

97 Hochtemperatur-supraleiter

EIN SUPRALEITER IST EINE SUBSTANZ, DIE EINEN ELEKTRIZITÄTSSTROM OHNE JEDEN WIDERSTAND LEITET. Die ersten Supraleiter mussten auf extrem niedrige Temperaturen gekühlt werden. Doch das änderte sich 1986.

Eine Magnetschwebebahn wird von supraleitenden Elektromagneten über die Gleise gehoben und gleitet mit rekordbrechender Geschwindigkeit ohne Reibungsverlust voran.

1911 hatte der niederländische Physiker Heike Kamerlingh Onnes Quecksilber auf -182,97°C gebracht und herausgefunden, dass das nun gefrorene Metall sich als Supraleiter verhielt. Das Potenzial war sofort klar, doch die nötige Temperatur lag jenseits der alltäglichen Grenzen – sie war sogar kälter als der Weltraum.

1986 entwickelten Karl Alexander Müller und Georg Bednorz keramische Materialien, die bei -238°C zum Supraleiter wurden. Das mag nicht sehr hoch klingen, doch in der Welt der Supraleiter gelten alle Temperaturen über dem Siedepunkt von flüssigem Stickstoff (-195,82°C) als „hoch" und sind relativ leicht aufrechtzuerhalten. Hochtemperatursupraleiter (HTSL) werden heute in Elektromagneten von Kernspintomografen und Teilchenbeschleunigern eingesetzt, wo sie effizient riesige Magnetfelder aufbauen.

98 Nanoröhren

SEIT DEN 1990ER-JAHREN SIND DIE C60-FUSSBALLMOLEKÜLE NEU ZU WINZIGEN RÖHREN GEFORMT WORDEN. Wissenschaftler können Röhren von beliebiger Länge und verschiedener Breite herstellen. Damit ergibt sich eine Vielzahl von Möglichkeiten, von Maschinen in Nanogröße bis zu supraleitenden Hochgeschwindigkeitskabeln für die Kommunikation. Die Zukunft sieht röhrenförmig aus.

Kohlenstoff-Nanoröhren wurden 1991 zum ersten Mal von dem japanischen Industriechemiker Sumio Iijima hergestellt. Eine Nanoröhre kann man sich als Fußballmolekül vorstellen, in das zusätzliche Sechseckringe integriert wurden, um eine Röhrenform zu kreieren. Der gegenwärtige Herstellungsprozess besteht darin, sie aus Graphen zu rollen, einer Graphitschicht (ebenfalls aus Sechsecken). Metallkatalysatoren werden verwendet, um das Ende der Röhre anzuhalten und es mit Fünfecken zu verschließen. Man hofft jedoch, Röhren von unendlicher Länge herstellen zu können. Im Gegensatz dazu wird die Breite von Nanoröhren in Ångström gemessen. Ein Angström entspricht 10^{-10} Meter.

Sumio Iijimas Erfindung ist die schmalste Röhre, die je hergestellt wurde. Eine Nanoröhre, die lang genug wäre, um bis zum Mond zu reichen, würde zusammengerollt einen Ball ergeben, der nicht größer als ein Mohnsamen wäre.

Nanotechnologie

Genau wie bei Benzol wird die vierte Bindung aller Kohlenstoffatome geteilt und bildet eine Wolkenladung, die dem Fulleren und der Nanoröhre ihre Stabilität verleiht. Im Gegensatz zu Benzol leiten Nanoröhren jedoch Elektrizität, mehr als 1000 Mal so viel wie Kupferdraht. Das bedeutet, dass eines Tages Nanoröhren alle Metalldrähte und auch Glasfaser-Telekommunikationskabel ersetzen werden. Noch dazu können die Röhren auch als Halbleiter agieren, was ein ganz neues Design von noch kleineren integrierten Kreisläufen verspricht.

Nanoröhren sind in Anbetracht ihrer Größe sehr robust und viele tausend Mal stärker als Stahl. Vielleicht werden Bündel von Nanoröhren zum Bau stärkerer Brücken oder ultraleichter Fahrzeuge verwendet werden. Sie könnten auch den Bau tausendfach kleinerer Maschinen als gegenwärtig ermöglichen.

Röhren innerhalb von Röhren könnten als Supraleiter mit einem Null-Widerstand für Strom verwendet werden.

99 Insel der Stabilität

**JE SCHWERER TRANSURANISCHE ELEMENTE WER-
DEN, UMSO WENIGER STABIL SIND SIE UND UMSO
WENIGER NÜTZLICH.** Die Vorhersage lautet
jedoch, dass es eine Insel stabiler Atome im
Periodensystem gibt.

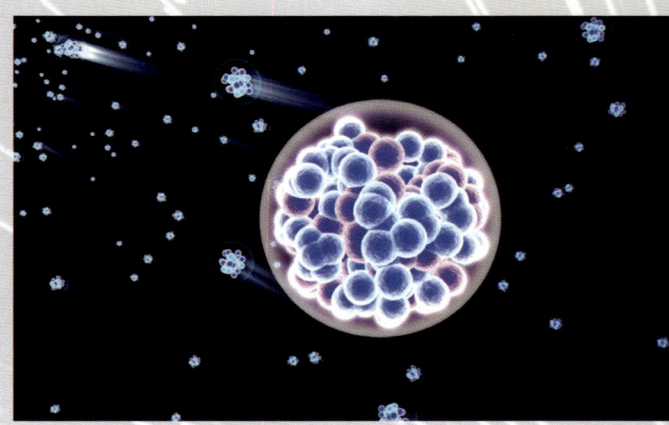

Das schwerste Atom, das bisher gebildet wurde, hat
die Ordnungszahl 118 (vorübergehend Ununoctium
genannt). Es hat eine Halbwertszeit von 0,89 Millisekunden und bleibt somit nicht lang unter uns. Glenn
Seaborg war jedoch der Meinung, dass Atome mit einer größeren Anzahl von Teilchen im
Atomkern mehr komplett belegte Schalen haben und stabiler sein müssten. Ihre Halbwertzeit sollte wenigsten Tage, wenn nicht gar Millionen von Jahren betragen. Das stabilste soll
Element 126 sein, das einen einzigartigen, kompletten Satz von Protonen und Neutronen
haben soll. Die Insel der Stabilität würde bei Element 137 aufhören.

*2010 wurde Ununseptium
(117) als bisher letztes
Element entdeckt. Die Insel
der Stabilität beginnt bei
Element 120.*

100 Das Higgs-Boson

**2011 HOFFTEN FORSCHER, EINE ANTWORT AUF EINE DER GROSSEN FRAGEN DER
WISSENSCHAFT ZU ERHALTEN: EXISTIERT DAS HIGGS-BOSON?** Um diese Frage zu
beantworten, haben internationale Wissenschaftler die größte Maschine der
Geschichte gebaut – den Large Hadron Collider.

Als J. J. Thomson 1897 das Elektron entdeckte, lieferte er einen ersten Beitrag zu dem, was
heute das Standardmodell genannt wird. Das ist eine Familie von Teilchen, mit denen man
die Materie erklären kann, und sie vereint drei der vier fundamentalen Kräfte, die auf die
Materie einwirken. Diese Kräfte sind die starke Wechselwirkung, die einen Atomkern zusammenhält; die schwache Wechselwirkung, die während des radioaktiven Zerfalls die Teilchen aus dem Atomkern freisetzt und der Elektromagnetismus, der die Elektronen um den
Atomkern hält und auch bei der Atombindung beteiligt ist sowie bei der Elektrizität und der
an- und abstoßenden Kraft der Magneten. Die Gravitation wird dabei als einzige Kraft nicht
berücksichtigt – vorausgesetzt, wir finden keine weiteren fundamentalen Kräfte.

Eine Kraft ist der Transfer von Energie von einer Masse zur anderen. Das wird durch ein
Teilchen erreicht, das sie zwischen den Massen trägt. Elementarteilchen, die Kräfte vermit-
teln, werden Bosonen genannt. So ist ein Photon das Boson, das elektromagnetische Kraft

überträgt. Die schwache Kraft wird von den W- und Z-Bosonen vermittelt, während die starke Kraft im Kern des Atoms von Gluonen vermittelt wird.

Bosonen bewegen sich zwischen den Massen, oder zwischen allen Objekten, die von Kräften beeinflusst werden. Objekte können so groß wie eine Galaxie sein, oder so klein wie ein Elektron. Eine Galaxie besteht aus Sternen und Planeten, die sich aus Atomen einschließlich ihrer Elektronen zusammensetzen. In den 1970er-Jahren fand man heraus, dass Protonen und Neutronen aus Trios von kleineren Teilchen bestanden, die Quarks genannt werden – und diese Quarks halten die Gluonen zusammen. Eine der großen Errungenschaften des Standardmodells ist, zu erklären, wieso Elektronen und Quarks Masse besitzen. 2012 wurde das Higgs-Feld nachgewiesen, benannt nach dem englischen Physiker Peter Higgs. Er hatte in den 1960er-Jahren die Theorie aufgestellt, dass es das Boson-Elementarteilchen dieses Feldes – das Higgs-Boson – sei, dem die Teilchen ihre Masse verdanken.

Die Theorie ging davon aus, dass das Higgs-Feld nicht beim Urknall geformt wurde, sondern wenige Zeit später. Internationale Wissenschaftler haben das im Schweizer CERN (Europäische Organisation für Kernforschung) am Large Hadron Collider (LHC) getestet. Es ist der stärkste Teilchenbeschleuniger, der je gebaut wurde, in dem Protonen bei annähernder Lichtgeschwindigkeit zusammengedrückt werden, um die Energie zu produzieren, die kurz nach dem Urknall existiert haben muss. 2012 gelang im CERN der Nachweis eines sich bildenden Higgs-Feldes. Das war der bisher direkteste Blick darauf, wie das Universum wirklich funktioniert.

DER URKNALL

Da sich das Universum gegenwärtig ausdehnt, muss es in der Vergangenheit kleiner gewesen sein. Vor etwa knapp 14 Milliarden Jahren hat es gar keinen Platz eingenommen, bevor es den Weltraum selbst erschaffen hat und in einem Urknall losbrach. Es war ein Ereignis, das überall gleichzeitig stattfand. Die Urknall-Theorie verdankt ihren Namen dem englischen Astronomen Fred Hoyle, der eigentlich kein Fan des Konzeptes war und damit einen abfälligen Scherz machen wollte. Der Begriff hat sich aber durchgesetzt.

Energie wurde Masse, aber war das Higgs-Boson daran beteiligt?

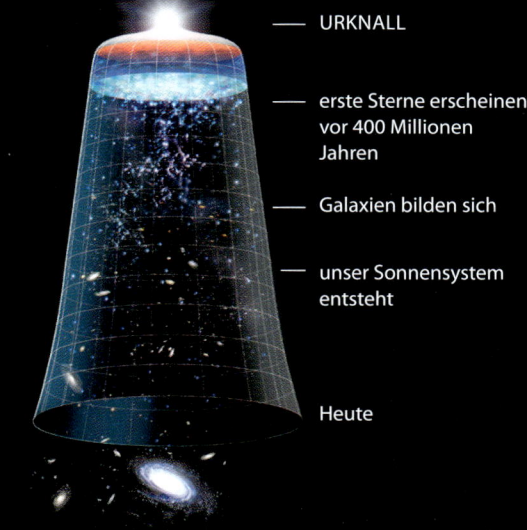

— URKNALL

— erste Sterne erscheinen vor 400 Millionen Jahren

— Galaxien bilden sich

— unser Sonnensystem entsteht

— Heute

Der Large Hadron Collider sitzt in einem 27 km langen Tunnel, der mehrere Detektoren verbindet. Für die Wartung von einem zum nächsten der 8000 supraleitenden Magneten zu gelangen, die den Teilchenstrahl des Beschleunigers kontrollieren, ist nicht immer leicht.

101

Chemie: **Die Grundlagen**

WOHIN ALSO FÜHREN UNS ALL DIESE ENTDECKUNGEN? Wenn wir die Elemente einmal aus einem anderen Blickwinkel betrachten und alle Fragen bündeln, stellt sich heraus, dass die Elemente die eigentliche Basis der Chemie sind.

Was ist ein Element?

Das Universum besteht aus einem Satz von Bausteinen, aus denen alle Substanzen um uns herum zusammengesetzt sind. Angefangen beim Wasser unserer Erde, über Gestein und Luft bis hin zum Brennofen eines Sterns. Diese Bausteine sind die chemischen Elemente. 92 davon kommen auf der Erde vor, obwohl die meisten sehr selten sind. Zu den häufig vorkommenden Elementen gehören Sauerstoff, Kohlenstoff, Silicium und Eisen. Was Elemente von anderen Substanzen unterscheidet ist, dass sie nicht in noch einfachere Formen aufgespaltet werden können.

Nur wenige Elemente kommen natürlich in reiner Form vor: Gold (unten links) ist eines dieser sogenannten Reinelemente. Die meisten Elemente sind chemisch mit anderen kombiniert und müssen zu ihrer reinen Form raffiniert werden, wie Eisen (unten rechts).

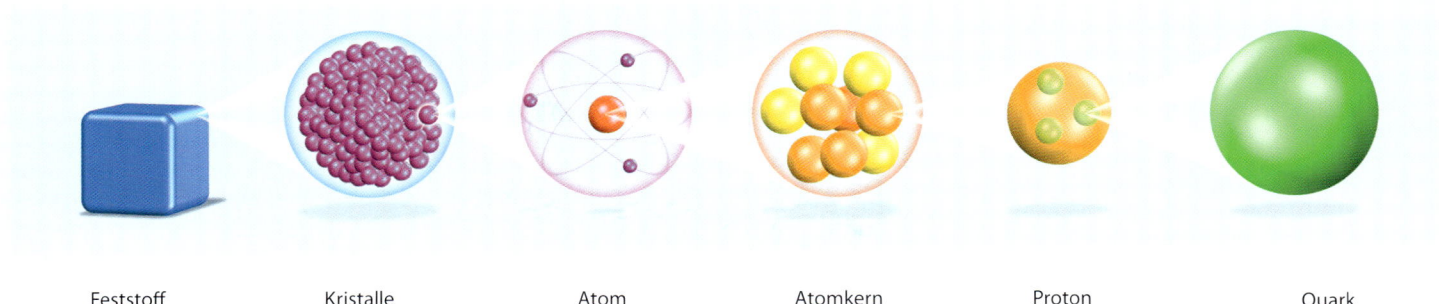

| Feststoff | Kristalle | Atom | Atomkern | Proton | Quark |

Was ist ein Atom?

Die kleinste Einheit eines Elements ist ein Atom. Etwa 33 Millionen von ihnen würden etwa einen Millimeter Länge ergeben. Die Probe eines reinen Elements besteht nur aus einer Art von Atomen mit einer spezifischen Größe, Masse und Struktur. Diese Eigenschaften verleihen jedem Element seine einzigartigen Charakteristiken. Deshalb ist Sauerstoff ein Gas und Gold ein glänzendes gelbes Metall. Während ein Element nicht weiter vereinfacht werden kann als auf die Ebene seines Atoms, setzen sich die Atome selbst aus kleineren Teilchen wie Elektronen, Protonen und Neutronen zusammen. Diese subatomaren Teilchen haben keine für das Atom des einzelnen Elements spezifische Form. So können zum Beispiel die Elektronen des Wasserstoffs gegen die Elektronen des Chlors ausgetauscht werden. Es ist die Menge der Teilchen in einem Atom die definiert, zu welchem Element es gehört.

Materie kann alss eine Anzahl von Skalen oder Referenzrahmen gesehen werden. Auf der Makroskala hat sie Farbe und Form (in diesem Fall ein Feststoff). Danach kommt die Molekularstruktur, in der sich Atome zu Kristallen oder anderen Formen zusammenschließen. Dann kommt das Atom selbst; der größte Teil seiner Materie sitzt im Atomkern. Die Teilchen im Atomkern werden Nukleonen genannt (Protonen und Neutronen). Sie selbst bestehen wiederum aus drei Quarks.

Atomstruktur

Die Elektronenkonfiguration der ersten 10 Elemente zeigt, wie die Atome mit steigender Ordnungszahl immer mehr Elektronen haben. Diese Konfiguration spiegelt sich in der Anordnung des Periodensystems wider – die Reihe bzw. Periode entspricht der Anzahl der Elektronenschalen eines Atoms.

Jedes Element hat eine bestimmte Ordnungszahl. Sie entspricht der Anzahl seiner Protonen, die im Atomkern sitzen. Wasserstoff besitzt ein Proton, Helium besitzt zwei – und so geht es weiter bis zum Uran mit der Ordnungszahl 92, der höchsten unter den natürlich vorkommenden Elementen. Die Protonen tragen eine positive elektrische Ladung. Atome sind jedoch neutral, denn die positive Ladung der Protonen wird durch eine gleiche Anzahl negativ geladener Elektronen ausgeglichen. Die Protonen sitzen im Atomkern, während die Elektronen auf Schalen um den Atomkern herum angeordnet sind. Jede Elektronenschale hat Platz für eine spezifische Anzahl von Elektronen. Wenn sie voll ist, ergibt sich eine neue Elektronenschale außerhalb der gefüllten Schale. Das führt dazu, dass einige Atome äußere Schalen besitzen, die fast mit Elektronen voll oder fast leer sind. Diese Konfiguration ist entscheiden dafür, wie das Atom Bindungen eingeht.

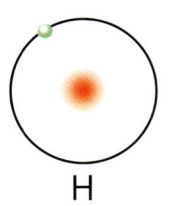

H
Wasserstoff

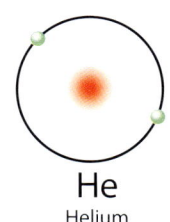

He
Helium

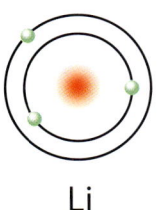

Li
Lithium

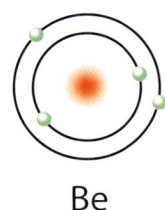

Be
Berylium

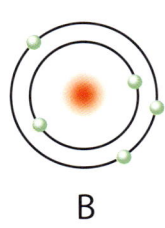

B
Bor

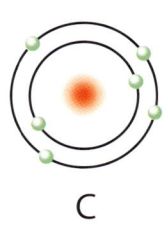

C
Kohlenstoff

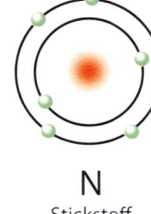

N
Stickstoff

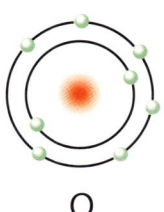

O
Sauerstoff

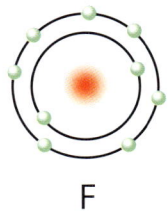

F
Fluor

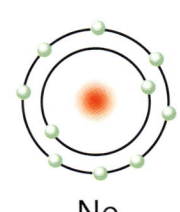

Ne
Neon

Chemische Bindungen

Ionenbindung

Diese Bindung ist eine Anziehungskraft zwischen zwei Ionen. Ein Ion bildet sich, wenn ein Atom ein Elektron verliert oder erhält und seine Ladung dadurch unausgeglichen wird. Atome mit nur einem Elektron auf der äußeren Schale (wie Metalle) neigen dazu, diese Elektronen zu verlieren und positive Ionen zu bilden. Nichtmetall-Atome neigen dazu, Elektronen aufzunehmen, um die wenigen verbleibenden Plätze auf ihren äußeren Schalen zu füllen. Ionen mit entgegengesetzten Ladungen ziehen sich an, während Ionen mit gleicher Ladung sich abstoßen.

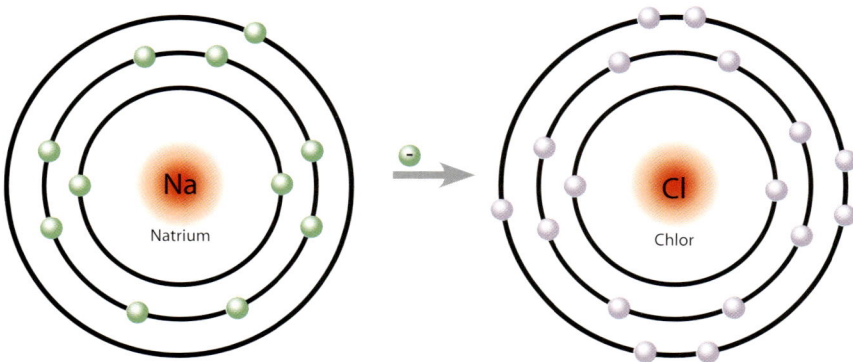

Ein Natriumatom verliert sein einzelnes Elektron auf der äußeren Schale und wird zu einem positiv geladenen Ion; Chlor nimmt das Elektron auf, um seine äußere Schale zu füllen und bildet ein negativ geladenes Chlor-Ion. Die beiden Ione gehen eine Bindung ein und bilden ein Natriumchlorid-Molekül, gemeinhin Salz genannt.

Kovalente Bindung

Atome ionisieren und gehen Ionenbindungen ein, um einen stabilen Niedrigenergiezustand zu erreichen. Infolgedessen gehen die Elemente, die Elektronen abzugeben haben und solche, die Elektronen aufzunehmen haben, diese Art von Bindung ein. Doch Atome können auch stabilisierende Bindungen eingehen, indem sie Elektronen nicht abgeben (oder aufnehmen), sondern sie teilen. Das ist eine kovalente Bindung, bei der zwei oder mehr Atome sich so binden, dass ihre äußeren Elektronenschalen – die Valenzschalen – sich überkreuzen. Dadurch bildet ein Elektron eines Atoms mit dem Elektron eines anderen Atoms ein Paar und beide besetzen die Valenzschale beider Atome gleichzeitig. Die negativ geladenen Elektronen werden von der positiven Ladung eines Atomkerns festgehalten und die Anziehung beider Atomkerne auf die gepaarten Elektronen hält die Atome zusammen. Kovalent gebundene Strukturen können weiter Elektronen aufnehmen oder abgeben.

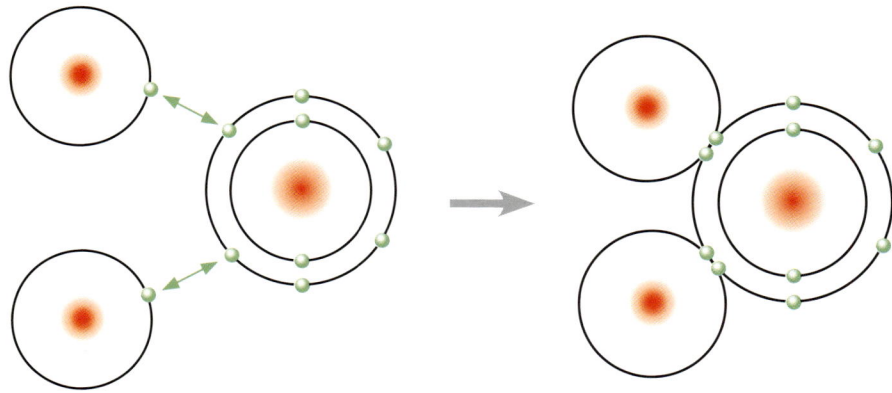

Kovalente Bindungen werden häufig von zwei Nichtmetall-Atomen eingegangen. Hier gehen zwei Wasserstoffatome eine Bindung mit einem Sauerstoffatom ein und formen ein Wassermolekül.

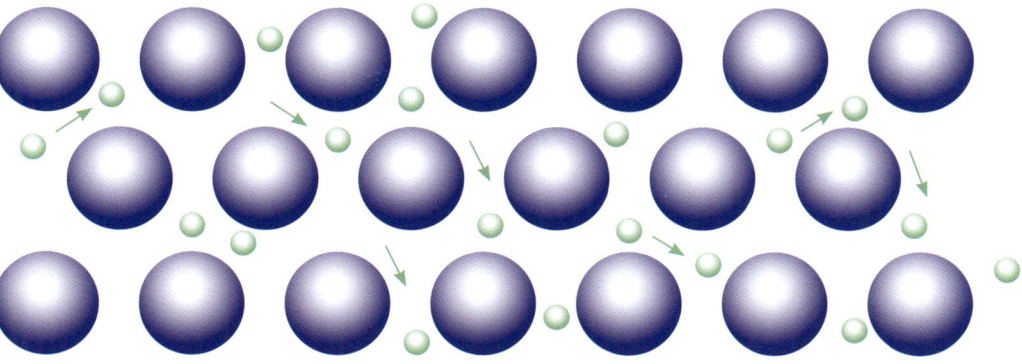

Ein metallenes Objekt – entweder rein oder aus einer Legierung mehrerer Metalle – ist mit freien Elektronen gefüllt. Wenn man diese Elektronen durch elektromagnetische Kraft dazu bringen kann, sich in die gleiche Richtung zu bewegen, führt das zu elektrischem Strom.

Metallische Bindung oder Metallbindung

Was macht ein Element zu einem Metall? Metalle sind dichte Feststoffe, die in Form gehämmert oder gegossen werden können. Das beruht auf ihrer Elektronenkonfiguration. Die meisten Metalle haben nur ein oder zwei Elektronen auf ihrer äußeren Schale – lediglich eine Handvoll besitzen drei oder vier. Diese äußeren Elektronen werden leicht abgegeben, deshalb gehen Metalle Ionenbindungen mit Nichtmetallen ein, d. h. mit Elementen, die Elektronen eher aufnehmen als abgeben. Metallatome geben ihre äußeren Elektronen auch ab, wenn sie sich miteinander binden. Dadurch entsteht ein „Meer" von geteilten Elektronen um die Atome herum, die einen subatomaren Leim bilden, der sie zusammenhält. Diese starken Metallbindungen halten Metalle intakt, auch wenn sie behämmert und gebogen werden.

Reaktion, Verbindung und Moleküle

Vitamin C, Ascorbinsäure, ist eine Verbindung von Kohlenstoff- (grün), Sauerstoff- (rot) und Wasserstoffatomen (weiß), die in einer komplexen Molekularstruktur angeordnet sind.

Ein kurzer Rundblick wird es bestätigen: reine Elemente sind eher selten. Es scheint als ob die Atome sich lieber zu Gruppen zusammenraufen, wenn man ihnen die Wahl lässt. Sogar die elementaren Gase in der Luft – hauptsächlich Sauerstoff und Stickstoff – existieren nicht als einzelne Atome. Stattdessen gehen zwei Sauerstoffatome immer eine kovalente Bindung ein und bilden ein Sauerstoffmolekül (O_2).

Genau wie Atome die kleinste Einheit eines Elementes sind, sind Moleküle die kleinste Einheit einer Verbindung. Eine Verbindung besteht aus den Atomen zweier oder mehrerer Elemente, die in bestimmten Proportionen Bindungen eingehen und ein Molekül bestimmter Form bilden. Eine Verbindung muss ihren ursprünglichen Elementen nicht gleichen – das ist sogar äußerst selten. Wasser ist eine Verbindung der beiden Gase Wasserstoff und Sauerstoff. Das Salz, mit dem wir Speisen würzen, ist eine Verbindung aus einem explosiven Metall und einem beißenden grünen Gas.

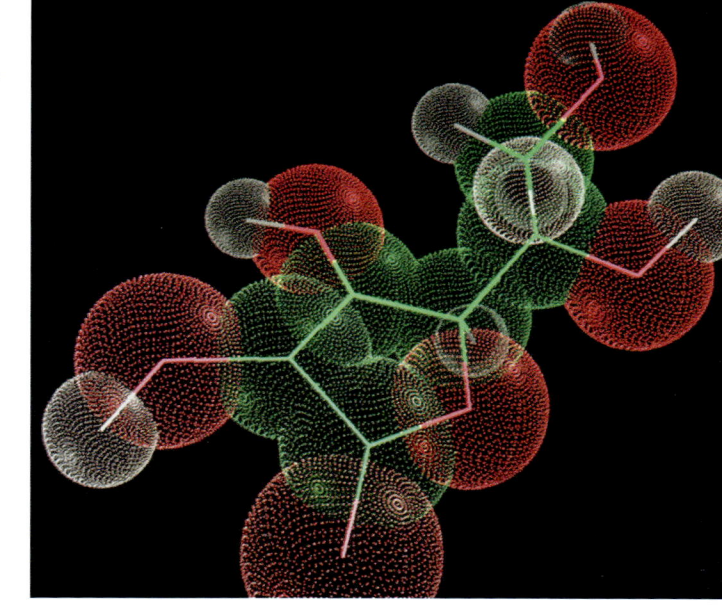

Verbindungen werden durch chemische Reaktion gebildet. Mit einfachen Worten: es gibt drei Arten von Reaktionen – Synthese, Zersetzung und Verdrängung. Eine Synthese ist, wenn zwei Reaktanten sich zu einem einzigen Produkt verbinden, so wie Kohlenstoff und Sauerstoff sich zu Kohlendioxid verbinden. Bei einer Zersetzung spaltet sich ein einziger Reaktant in zwei Produkte, z. B. wenn Kohlensäure sich in Wasser und Kohlendioxid zersetzt (und das Sodawasser prickeln lässt). Bei einer Verdrängung ersetzt das reaktivere Element ein weniger reaktives.

Gruppen und Trends

Die chemischen Eigenschaften der Elemente, insbesondere die Proportionen, in denen sie Verbindungen mit anderen Elementen eingehen, machen es möglich, sie zu gruppieren. Im Periodensystem sind die Elemente unter anderem nach diesen Gruppen angeordnet. Heute wissen wir, dass die chemischen Charakteristiken dieser Gruppen auf ihren ähnlichen Elektronenkonfigurationen beruhen. So haben zum Beispiel die Elemente der Gruppe 1 ein äußeres Elektron, während die der Gruppe 2 zwei äußere Elektronen besitzen, usw. Doch die Elemente einer Gruppe sind nicht alle identisch. Es gibt immer Ausnahmen, wie das flüssige Metall Quecksilber. Es ist eines von nur zwei Elementen, die unter Standardbedingungen flüssig sind.

Metalle brennen mit einer Flamme bestimmter Farbe. Deshalb sind Flammentests eine nützliche Art der Analyse von Verbindungen, in denen man Metallione vermutet.

Quecksilber ist eine trockene Flüssigkeit. Seine Atome bilden so große Haufen, dass sie sich nicht auf einer Oberfläche ausbreiten und diese benetzen. Stattdessen formt Quecksilber Tropfen.

| Kupfer | Lithium | Strontium | Natrium | Kupfer | Kalium |

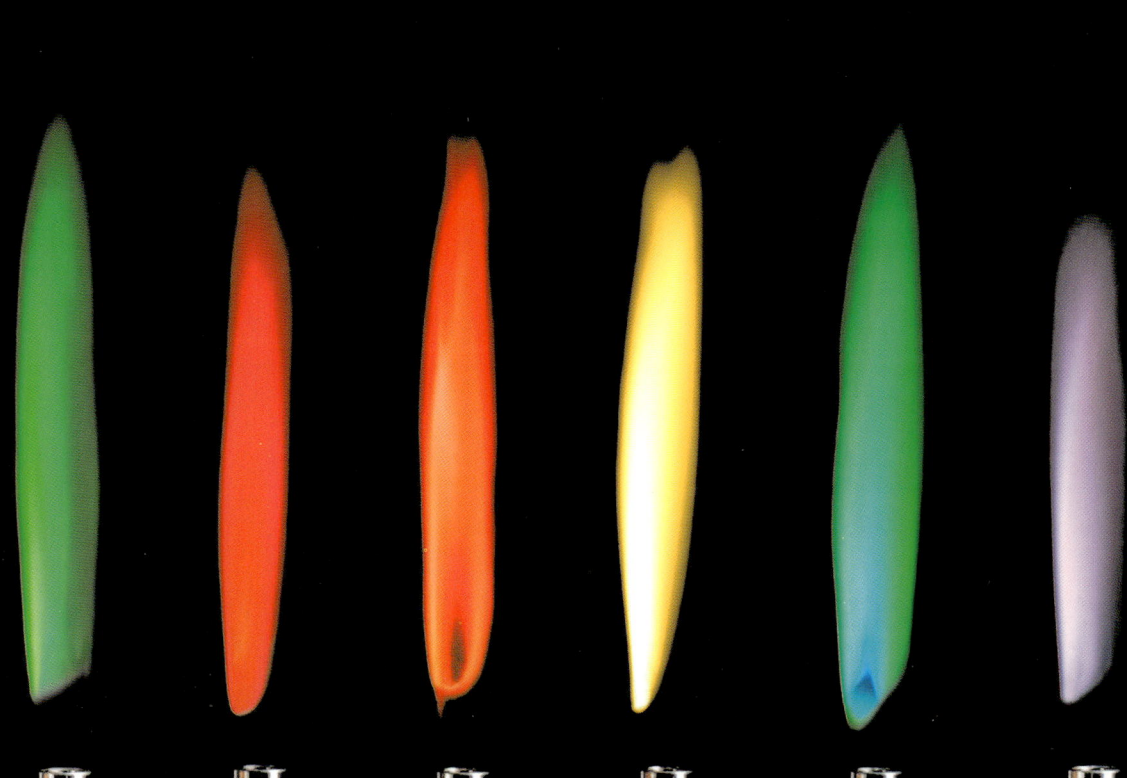

Es ist aber möglich, aufgrund der Gruppe, in der ein Element angeordnet ist, eine gute Vorstellung von der wahrscheinlichen Reaktion eines Elementes zu haben. Metalle stehen links und Nichtmetalle rechts. Die Elemente der beiden Seiten haben unterschiedliche Anforderungen, um Stabilität zu erreichen und reagieren deshalb leicht miteinander. Metallatome geben leicht Elektronen ab und solche mit großen Atomen, deren äußere Schalen weit von der Anziehungskraft des Atomkerns entfernt sind, können ihre äußeren Elektronen nur locker halten. Deswegen bilden sie Ione und sind leicht an Reaktionen beteiligt. Mit anderen Worten, schwere Mitglieder der Metallgruppe sind reaktiver als die leichten. Das Gegenteil gilt für die Nichtmetalle, die reagieren, indem sie zusätzliche Elektronen aufnehmen. Kleinere Atome ziehen diese zusätzlichen Elektronen stärker an als ihre größeren, schwereren Verwandten und sind deshalb reaktiver. Fluor und Caesium ergeben einen Urknall!

Aggregatszustände

Jede Materie, sowohl reine Elemente als auch Verbindungen, hat drei grundsätzliche Formen – fest, flüssig und gasförmig. Ein Feststoff wie Eis hat eine fixe Form, eine Flüssigkeit wie Wasser nimmt die Form seines Behälters an und kann von einem Gefäß ins andere fließen. Ein Gas, wie Wasserdunst oder Dampf (heißer Dunst) nimmt auch die Form seines Behälters an, wird sich aber ausbreiten und das gesamte Volumen füllen.

Jede Substanz hat einen Normalzustand, kann aber in einen anderen Zustand übergehen, wenn Hitze zugefügt oder reduziert wird oder der Druck, unter dem sie steht, verändert wird (komprimiertes Gas kondensiert). Die Atome und Moleküle in einer Substanz bewegen sich immer, auch die in einem Feststoff befindlichen. Wärme ist ein Maß dafür, wie viel Bewegung da ist. Wenn ein Feststoff erhitzt wird, beginnen die Moleküle stärker zu vibrieren, bis die Kraft ihrer Bewegung größer ist als die Stärke der sie zusammenhaltenden Bindungen – die Bindungen beginnen zu brechen. Wenn etwa 10 Prozent der Bindungen eines Feststoffes gebrochen sind, beginnt er zu einer Flüssigkeit zu zerschmelzen. Die Moleküle sind immer noch weitestgehend gebunden, können sich aber nebeneinander her bewegen. Das erlaubt einer Flüssigkeit zu fließen. Wenn die Flüssigkeit weiter erhitzt wird, beginnen die Moleküle noch schneller zu vibrieren. Schließlich vibrieren sie so stark, dass alle Bindungen zwischen den Molekülen brechen und die Flüssigkeit zu Gas wird. Als Gas können sich die Moleküle frei in jede Richtung bewegen. Die Moleküle treffen auf andere Gasmoleküle oder prallen an der festen Oberfläche eines Behälters ab, breiten sich aber bald gleichmäßig aus. Wenn man den Molekülen Energie entzieht und ihre Bewegung reduziert, findet der umgekehrte Prozess statt.

Eis

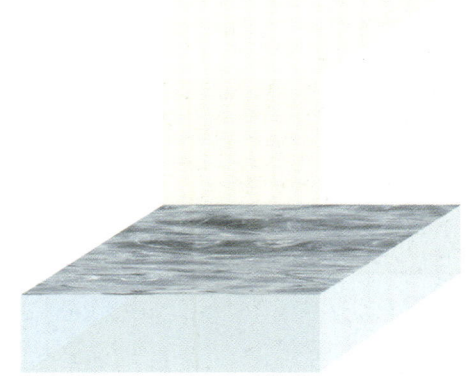

Wasser

Dampf

Das Periodensystem

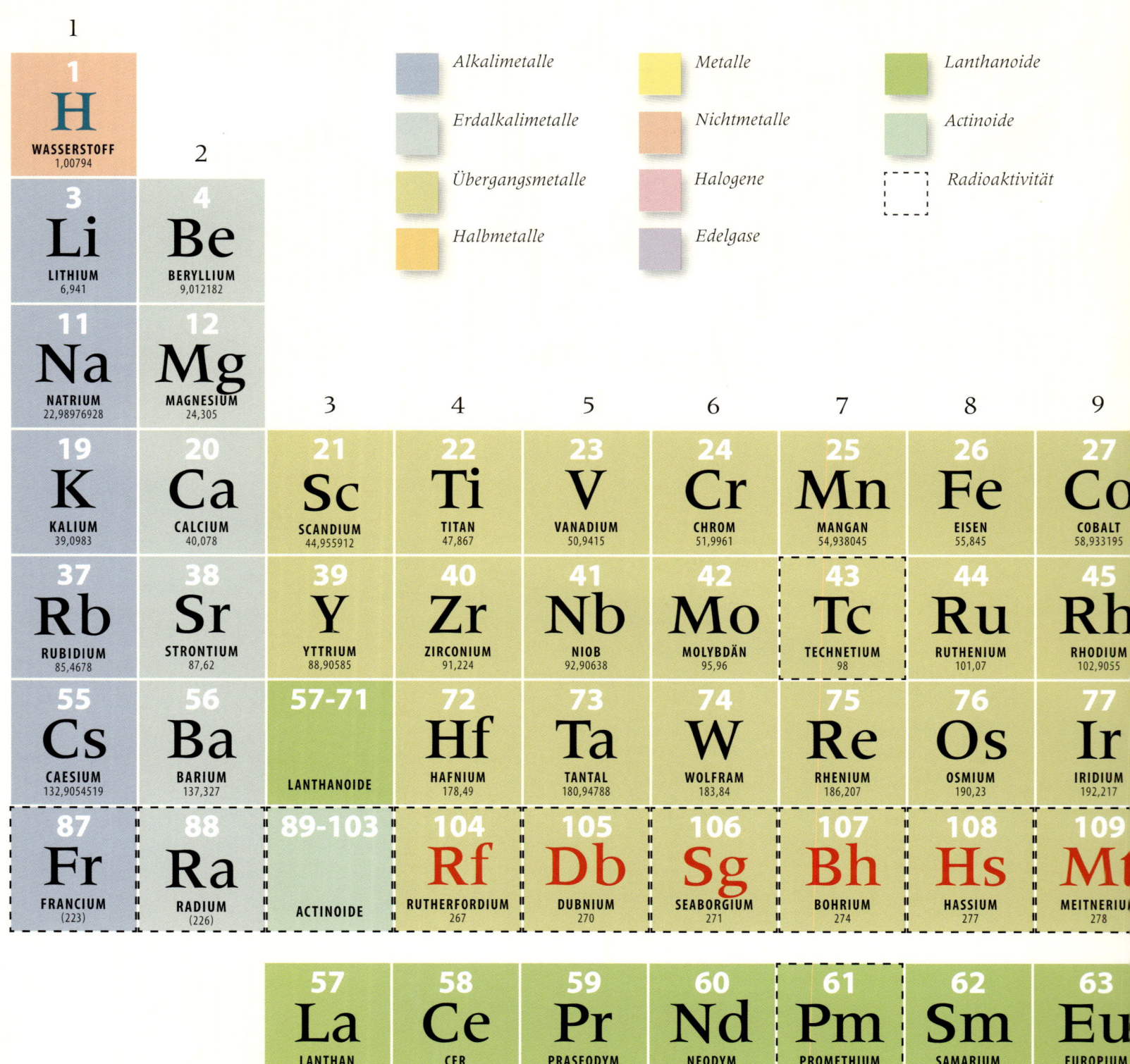

Alkalimetalle	Metalle	Lanthanoide
Erdalkalimetalle	Nichtmetalle	Actinoide
Übergangsmetalle	Halogene	Radioaktivität
Halbmetalle	Edelgase	

1

1 H WASSERSTOFF 1,00794

2

3 Li LITHIUM 6,941
4 Be BERYLLIUM 9,012182

11 Na NATRIUM 22,98976928
12 Mg MAGNESIUM 24,305

3 | **4** | **5** | **6** | **7** | **8** | **9**

19 K KALIUM 39,0983
20 Ca CALCIUM 40,078
21 Sc SCANDIUM 44,955912
22 Ti TITAN 47,867
23 V VANADIUM 50,9415
24 Cr CHROM 51,9961
25 Mn MANGAN 54,938045
26 Fe EISEN 55,845
27 Co COBALT 58,933195

37 Rb RUBIDIUM 85,4678
38 Sr STRONTIUM 87,62
39 Y YTTRIUM 88,90585
40 Zr ZIRCONIUM 91,224
41 Nb NIOB 92,90638
42 Mo MOLYBDÄN 95,96
43 Tc TECHNETIUM 98
44 Ru RUTHENIUM 101,07
45 Rh RHODIUM 102,9055

55 Cs CAESIUM 132,9054519
56 Ba BARIUM 137,327
57-71 LANTHANOIDE
72 Hf HAFNIUM 178,49
73 Ta TANTAL 180,94788
74 W WOLFRAM 183,84
75 Re RHENIUM 186,207
76 Os OSMIUM 190,23
77 Ir IRIDIUM 192,217

87 Fr FRANCIUM (223)
88 Ra RADIUM (226)
89-103 ACTINOIDE
104 Rf RUTHERFORDIUM 267
105 Db DUBNIUM 270
106 Sg SEABORGIUM 271
107 Bh BOHRIUM 274
108 Hs HASSIUM 277
109 Mt MEITNERIUM 278

57 La LANTHAN 138,90547
58 Ce CER 140,116
59 Pr PRASEODYM 140,90765
60 Nd NEODYM 144,242
61 Pm PROMETHIUM 145
62 Sm SAMARIUM 150,36
63 Eu EUROPIUM 151,964

89 Ac ACTINIUM (227)
90 Th THORIUM 232,03806
91 Pa PROTACTINIUM 231,03588
92 U URAN 238,02891
93 Np NEPTUNIUM 237
94 Pu PLUTONIUM 244
95 Am AMERICIUM 243

Au	fest
He	gasförmig
Br	flüssig
Mt	synthetisch

			13	14	15	16	17	18
								2 **He** HELIUM 4,002602
			5 **B** BOR 10,811	**6** **C** KOHLENSTOFF 12,0107	**7** **N** STICKSTOFF 14,0067	**8** **O** SAUERSTOFF 15,9994	**9** **F** FLUOR 18,9984032	**10** **Ne** NEON 20,1797
			13 **Al** ALUMINUM 26,9815386	**14** **Si** SILICIUM 28,0855	**15** **P** PHOSPHOR 30,973762	**16** **S** SCHWEFEL 32,065	**17** **Cl** CHLOR 35,453	**18** **Ar** ARGON 39,948

10	11	12						
28 **Ni** NICKEL 58,6934	**29** **Cu** KUPFER 63,546	**30** **Zn** ZINK 65,38	**31** **Ga** GALLIUM 69,723	**32** **Ge** GERMANIUM 72,64	**33** **As** ARSEN 74,9216	**34** **Se** SELEN 78,96	**35** **Br** BROM 79,904	**36** **Kr** KRYPTON 83,798
46 **Pd** PALLADIUM 106,42	**47** **Ag** SILBER 107,8682	**48** **Cd** CADMIUM 112,411	**49** **In** INDIUM 114,818	**50** **Sn** ZINN 118,71	**51** **Sb** ANTIMON 121,76	**52** **Te** TELLUR 127,6	**53** **I** IOD 126,90447	**54** **Xe** XENON 131,293
78 **Pt** PLATIN 195,084	**79** **Au** GOLD 196,966569	**80** **Hg** QUECKSILBER 200,59	**81** **Tl** THALLIUM 204,3833	**82** **Pb** BLEI 207,2	**83** **Bi** BISMUT 208,9804	**84** **Po** POLONIUM 209	**85** **At** ASTAT 210	**86** **Rn** RADON 222
110 **Ds** DARMSTADTIUM 281	**111** **Rg** ROENTGENIUM 281	**112** **Cn** COPERNICIUM 285	**113** **Uut** UNUNTRIUM 286	**114** **Fl** FLEROVIUM 289	**115** **Uup** UNUNPENTIUM 289	**116** **Lv** LIVERMORIUM 291	**117** **Uus** UNUNSEPTIUM 294	**118** **Uuo** UNUNOCTIUM 294

64 **Gd** GADOLINIUM 157,25	**65** **Tb** TERBIUM 158,92535	**66** **Dy** DYSPROSIUM 162,5	**67** **Ho** HOLMIUM 164,93032	**68** **Er** ERBIUM 167,259	**69** **Tm** THULIUM 168,93421	**70** **Yb** YTTERBIUM 173,054	**71** **Lu** LUTETIUM 174,9668
96 **Cm** CURIUM 247	**97** **Bk** BERKELIUM 247	**98** **Cf** CALIFORNIUM 251	**99** **Es** EINSTEINIUM 252	**100** **Fm** FERMIUM 257	**101** **Md** MENDELEVIUM 258	**102** **No** NOBELIUM 259	**103** **Lr** LAWRENCIUM 262

UNWÄGBARKEITEN

ES GIBT NOCH IMMER VIELE UNGELÜFTETE GEHEIMNISSE IN DER CHEMIE, UNWÄGBARKEITEN, DIE NOCH WEITER ERFORSCHT WERDEN MÜSSEN. Das Periodensystem ist keineswegs vollständig und es gibt noch eine große Anzahl von Verbindungen zu synthetisieren. Mit der vorausgesagten Verbreitung von Nanotechnologie und Quantencomputern hat die Chemie noch eine Zukunft vor sich.

Haben Fußballmoleküle das Leben auf die Erde gebracht?

Wissenschaftler, die Fullerene untersuchen, haben herausgefunden, dass man ein Fußballmolekül mit anderen Atomen „aufblasen" kann. Das heißt, die Atome werden in den C_{60}-Ball eingebracht. Diese Anordnungen werden endohedrale Komplexe genannt. Das erste war Lanthan C_{60}, das mit dem chemischen Symbol $La@C_{60}$ dargestellt wird. Seither sind verschieden Ionen und Moleküle in den Hohlraum der Fullerene eingebracht worden. Die sich durch endohedrale Komplexe ergebenden technologischen Auswirkungen sind noch nicht eindeutig. 2010 hat man jedoch im Weltall schwebende Fullerene entdeckt. Das warf die Frage auf, ob sie auch Material in sich bergen konnten? Und falls ja, könnte das der Mechanismus für die Panspermie sein – die Theorie, nach der das Leben auf der Erde durch aus dem Weltraum auf die Erde gelangte chemische Stoffe entstanden ist? Kam das Leben in winzigen Kapseln aus Fußballmolekülen?

Ist Bismut radioaktiv?

Nuklearphysiker haben lange die Theorie vertreten, dass Bismut nicht das letzte stabile Element sei, sondern das erste radioaktive. 2003 wurde demonstriert, dass ^{209}Bismut, das einzig natürlich vorkommende Isotop dieses Schwermetalls, durch Alpha-Zerfall zerfällt, jedoch so langsam, dass die Halbwertzeit von Bismut eine Milliarde mal länger ist als das gegenwärtige Alter des Universums.

Ist das Periodensystem ein Auslaufmodell?

Die meisten transuranischen Elemente sind extrem instabil und haben Halbwertzeiten von wenigen Millisekunden. Das bedeutet, dass nach all der harten Arbeit und der für die Herstellung von ein paar Atomen aufgewendeten Energie diese Elemente fast sofort in etwas anderes zerfallen. Doch die zwischen den Ordnungszahlen 117 und 127 vorhergesagte Insel der Stabilität könnte das alles verändern und riesige Atome aufweisen, die relativ stabil wären, wenn auch hoch radioaktiv. Ab der Ordnungszahl 137 fällt das ganze System dann auseinander. An diesem Punkt ist die für den Zusammenhalt des Atoms notwendige Kraft größer, als der Elektromagnetismus sie liefern kann. Das hypothetische Element 137 wird zu Ehren des US-Physikers Richard Feynman Feynmanium (Fy) genannt. Der Quantenphysiker wies auf dieses Problem hin. Bedeutet dies das Ende des Periodensystems? Nicht notwendigerweise das Ende, doch sicherlich den Anfang des Endes. Ein Feynmaniumatom könnte gebildet werden, wäre aber nicht neutral und würde damit die Regeln brechen, die für alle anderen Elemente bis zu dem Punkt gelten. Beim Element 173 wären die Regeln außer Kraft gesetzt, denn seine Atome würden laut Prognose einen ewigen Nachschub an Positronen abgeben – positiv geladene Elektronen – die spontan von den enormen Kräften tief in ihnen gebildet würden.

Werden Silicium-Nanoröhren die Kohle ersetzen?

Wie Kohlenstoff hat auch Silicium die Wertigkeit vier. Das bedeutet, es kann vier Bindungen zu anderen Atomen eingehen. Die Chemie der Siliciumwasserstoffe spiegelt die der Kohlenwasserstoffe wider, obwohl sie erheblich weniger komplex ist. Als Silane bekannte Verbindungen, die Alkanen wie Methan, Butan und Oktan analog sind, werden bereits in wasserabweisenden Farben und Scheibenbeschichtungen verwendet. Obwohl Siliciummoleküle zu instabil sind, um sich zu formen, hat man sechseckige Siliciumkäfige herstellen können, die ein schweres Metall einschließen. Es ist auch erwägt worden, diese Einheiten als Qubits – Quantenbits – zu verwenden, bei denen der Spin des zentralen Atoms genutzt werden könnte, um Daten in einem zukünftigen Hochgeschwindigkeitscomputer zu speichern. 2006 wurden zum ersten Mal Nanoröhren aus Silicium hergestellt. Die Möglichkeiten, die sich aus einer Halbleiter-Nanoröhre ergeben, werden noch untersucht, aber man erwartet, dass eine Matrix dieser Nanoröhre einen hoch porösen Feststoff ergeben könnte. Solch eine Substanz könnte Wasserstoffgas speichern, um einen festen Brennstoff mit hoher Dichte zu ergeben, der Kohle ähnlich. Bei seiner Verbrennung würde dieses Material große Mengen Hitze produzieren, Sand anstelle von Asche hinterlassen und keine Kohlendioxidemission verursachen.

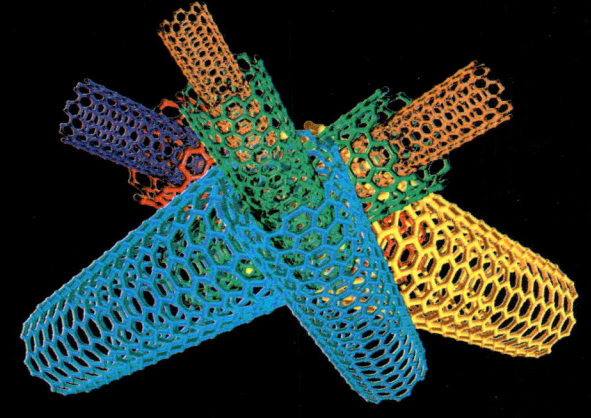

Warum ist die Natur einseitig?

Wie Louis Pasteur entdeckte, sind viele der chemischen Stoffe, aus denen Lebewesen bestehen, monochiral, wie Aminosäuren und Zucker. In der Natur existieren sie nur in einer Form als mögliche Spiegelbilder ihrer Isomere. Noch dazu kann der Metabolismus lebender Dinge nur homochirale Zutaten in Proteine, DNA und andere vitale Substanzen umwandeln. Da die andersseitige Version die gleichen chemischen Bausteine und Eigenschaften hat, bleibt es ein Mysterium, warum die Natur nur eine Version dieser chemischen Stoffe produziert. Eine Theorie dazu lautet, dass jegliche gegenwärtige biologische Aktivität aus primitiveren chemischen Prozessen entstanden ist. Die einfachsten Lebensformen basierten auf den bereits vorhandenen chemischen Stoffen und haben nicht erst alles aus Rohstoffen hergestellt wie heute. Deshalb kann man davon ausgehen, dass die chemischen Stoffe, durch die das Leben auf der Erde begonnen hat, homochiral waren, genau wie ihre biogen synthetisierten Nachkommen heute. Sogar außerirdische Aminosäuren, die in Meteoriten eingeschlossen auf die Erde gelangen, sind homochiral. Bilden sich diese Verbindungen in nur einem Isomer oder zerstört irgendein Prozess ein Isomer und das andere nicht? Der große Unterschied zwischen einem chiralen Isomer und seinem Gegenstück ist seine Fähigkeit, polarisiertes Licht zu absorbieren. Das lässt die Wissenschaftler vermuten, dass polarisierte Strahlung von Neutronensternen die Substanzen im Weltraum zu homochiralen Wolken veredeln.

Können wir Strukturen aus flüssigem Wasser bauen?

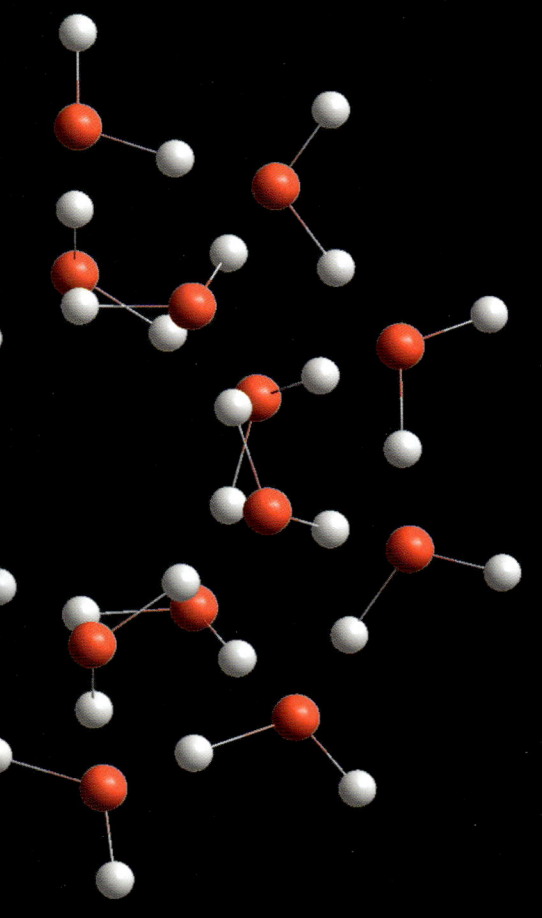

Die Erde ist der einzige bekannte Ort im Universum, der flüssiges Wasser auf seiner Oberfläche hat. Wahrscheinlich gibt es außerhalb unseres Sonnensystems Planeten mit Wasser, doch jede uns nähere Welt ist entweder knochentrocken oder von Eis bedeckt. Umso ungewöhnlicher ist es, dass flüssiges Wasser, das wahrscheinlich – neben Siliciumdioxid – die meist vorhandene Verbindung auf der Erde ist, die Chemiker immer noch verblüfft. Die Eigenschaften, die es als Lösungsmittel, als Wärmespeicher, in Kristallen und im Metabolismus zu so einem potenten chemischen Stoff machen, bewirken auch, dass seine wahre Natur noch nicht ganz erschlossen ist. Ansonsten könnte sich daraus eine ganz neue Technologie ergeben. Wassermoleküle sind polar, das bedeutet, dass sie am Sauerstoffende negativ geladen sind, während die Wasserstoffatome positiv geladen sind. Diese Eigenschaft lässt Wasser Salze und andere ionische Verbindungen so gut auflösen, die ebenfalls geladene Sektionen haben. Seine Polarität bedeutet auch, dass Wassermoleküle sich mit sogenannten Wasserstoffbrückenbindungen verketten. Die einfachste Struktur des Wassers wird Dimer genannt und hat zwei durch Wasserstoffbrückenbindung verknüpfte Moleküle. Doch in Wirklichkeit bilden Wassermoleküle Cluster, die sich in Komplexität und Struktur ständig verändern. Tatsächlich ist eine Wasserprobe ein einziger Cluster, ein sich verdrehendes und wirbelndes Supermolekül. Wenn Chemiker lernen könnten, die Cluster zu kontrollieren, könnte man Strukturen aus Wasser machen, einschließlich sogenannter Fußballmoleküle aus 28 Molekülen und sogar ein Ikosaeder aus 280 Molekülen. Es wurde bereits erwogen, dass damit Klimaveränderungen aufgehalten und sogar das Geheimnis der dunklen Materie gelöst werden könnte!

Existiert Francium wirklich?

Das schwerste Alkalimetall, Francium, ist hoch radioaktiv. Es bildet sich durch den Zerfall von Thorium oder Uran, hat aber mit einer Halbwertzeit von nur 20 Minuten eine flüchtige Präsenz. Beinahe alles über dieses Element ist theoretisch. Es soll das reaktivste von allen Metallen sein, reaktiver als Caesium, doch auf seine chemischen Eigenschaften schließt man nur aufgrund anderer Elemente. Es ist so selten, dass alles Gestein der Erde zusammengenommen geschätzt nicht mehr als 30 g Francium in einem gegebenen Moment enthält, da jedes seiner Atome schnell zerfällt, aber bald wieder für einige Sekunden von einem anderen ersetzt wird, das anderswo entsteht. 2004 umfasste die größte je genommene Probe von Francium 300.000 Atome. Das reichte aus, um einen Gasball von einem Millimeter Durchmesse mit einem Gewicht von einem Milliardstel Gramm zu bilden, der genügend Licht abgab, um gesehen zu werden – es war das einzige Mal, dass Francium gesehen wurde. Die Wissenschaftler können Franciumatome bilden, doch gibt es das Element wirklich in der Natur?

Die großen Chemiker

SCHAUEN WIR UNS DAS LEBEN DER MENSCHEN AN, DIE DER CHEMIE DURCH IHRE ENTDECKUNGEN ZU GROSSEM FORTSCHRITT VERHOLFEN HABEN.

Viele der Protagonisten waren professionelle Wissenschaftler, die an den frühen und modernen Universitäten forschten oder an einem kommerziellen Ziel arbeiteten. Manche brachten es aber auch als Amateure auf den neuesten Stand der Wissenschaft und verfügten über die Mittel, um in ihrem Hinterzimmer die Welt zu verändern. Wo immer sie auch tätig waren, ob in den Hainen über Athen oder am Atomreaktor bei Chicago, ihre Geschichten sind erzählenswert.

Aristoteles

Geboren	384 v.Chr.
Geburtsort	Stageira, Chalkidiki, Griechenland
Verstorben	322 v. Chr.
Bedeutung	bedeutendster Philosoph der Antike

Aristoteles wurde als Sohn des königlichen Leibarztes in der makedonischen Aristokratie geboren. Seinem Stand gemäß beendete er seinen Bildungsweg in Athen als Schüler Platons. Aristoteles

hinterließ ein größeres Erbe als sein Meister und irgendein anderer griechischer Philosoph. Er hat zahlreiche Disziplinen begründet oder maßgeblich beeinflusst, darunter Wissenschaftstheorie, Logik, Ethik und Staatstheorie. Aristoteles hinterließ zahlreiche Schriften über Poesie, Metaphysik, Sprache und Naturkunde, die den Wissenschaftlern Stoff zum Nachdenken für fast zwei Jahrtausende gaben.

Arrhenius, Svante

Geboren	19. Februar 1859
Geburtsort	Wik, Uppsala, Schweden
Verstorben	2. Oktober 1927
Bedeutung	Theorie der elektrolytischen Dissoziation

Man sagt, Arrhenius habe schon mit drei Jahren lesen können – und es sich selbst beigebracht. Sein autodidaktischer Ansatz beeindruckte seine Lehrer nicht – für seine Doktorarbeit erhielt er gerade mal ein „bestanden". 1903 wurde ihm jedoch für eben diese Arbeit über die Art, wie sich Verbindungen in große Ionen dissoziierten, der Nobelpreis für Chemie verliehen. Arrhenius war eine einflussreicher Mann im 1900 gegründeten Nobelinstitut. Er verwendete seine Macht darauf, die Auszeichnung seines wissenschaftlichen Rivalen und persönlichen Feindes Dmitri Mendelejew mit dem höchsten Chemiepreis wiederholt zu blockieren.

Avogadro, Amedeo

Geboren	9. August 1776
Geburtsort	Turin, Königreich Sardinien und Piemont
Verstorben	9. Juli 1856
Bedeutung	Avogadrosches Gesetz; Avogadro-Konstante

Avogadro wurde in einer Juristenfamilie geboren. Der junge Amadeo absolvierte eine Ausbildung in kanonischem Recht, widmete sich aber bald ganz der Wissenschaft und versuchte sich als Lehrer. Seine Hypothese, dass gleiche Volumina verschiedener idealer Gase bei gleicher Temperatur und gleichem Druck die gleiche Anzahl von Teilchen haben, wurde 1811 veröffentlicht. Als seine Heimatstadt Turin nach dem Sturz Napoleons unter die Herrschaft von Sardinien geriet, wurde Avogadro zum politischen Aufrührer und verlor bald seinen Sitz an der Universität. Er erhielt ihn später zurück, doch man nimmt an, dass er bewaffnete Aufstände gegen den König unterstützt hat.

Bacon, Roger

Geboren	um 1220
Geburtsort	Ilchester, Somerset, England
Verstorben	1292
Bedeutung	Förderer der empirischen Methode

Heute wird Roger Bacon oft als „einer der ersten Wissenschaftler" bezeichnet. Man geht in der Tat davon aus, dass er wenig eigene Forschung betrieben, sondern eher Wissen anderer Quellen gesammelt und kritisiert hat. Er studierte Mathematik, Astronomie, Optik, Alchemie und Sprachen an der Oxford University. Dort und in Paris lehrte er später. Als er in den Vierzigern war, trat er den Franziskanern bei. Er soll das Veröffentlichungsverbot für Mönche durch eine Vereinbarung mit dem damaligen Papst unterlaufen und seine Vorstellungen in einem theologischen Kontext vorgetragen haben.

Berzelius, Jöns Jakob

Geboren	20. August 1779
Geburtsort	Väversunda bei Linköping, Schweden
Verstorben	7. August 1848
Bedeutung	Atomgewichte; moderne chemische Symbole

Der junge Jöns Jakob hätte jede Karriere wählen können, aber er studierte Medizin an der Universität Uppsala. Er wandte die neuesten Erkenntnisse der Wissenschaft in seiner Praxis an und behandelte mehrere Jahre lang Patienten mit Elektroschocks – mit kaum sichtbarem Erfolg. Zum Glück für seine Patienten wurde Berzelius' Drang zur Forschung von einem örtlichen Minenbesitzer umgeleitet, der ihn damit beauftragte, die Minerale der Region zu analysieren und auf kommerziellen Wert zu überprüfen. 1808 erhielt Berzelius eine Position am chirurgischen Karolinska-Institut in Stockholm, an dem er den Rest seiner Karriere verbrachte.

Becquerel, Henri

Geboren	15. Dezember 1852
Geburtsort	Paris
Verstorben	25. August 1908
Bedeutung	Pionier im Bereich Radioaktivität

Die Becquerels waren eine Wissenschaftlerfamilie. Von 1838 bis 1948 hatte immer ein Becquerel den Lehrstuhl für angewandte Physik in Frankreichs Naturkundemuseum inne – Henri war der Dritte, der das Amt 1892 übernahm. Becquerel verfolgte noch eine zweite Karriere als Chefingenieur der Ministerialabteilung für Brücken- und Straßenbau. 1903 erhielt er zusammen mit den Curies den Nobelpreis für Physik für die Arbeiten über die Radioaktivität. Wie viele der Pioniere auf diesem Gebiet, erreichte auch Becquerel kein hohes Alter. Er starb mit 55 Jahren. Die Einheit der Radioaktivität (Bq) ist nach ihm benannt.

Black, Joseph

Geboren	16. April 1728
Geburtsort	Bordeaux
Verstorben	10. November 1799
Bedeutung	Entdeckung des Kohlendioxids

Joseph Blacks Eltern waren im Weinhandel tätig und so wird er als Kind gelernt haben, welche chemischen Prozesse bei der Weinproduktion stattfinden. Er begann eine Karriere in der Medizin; die Chemie war lediglich ein Hobby. Doch er erfand in den 1750er-Jahren die analytische Waage, die akkurat genug war, um kleine Mengen zu wiegen. 1754 entdeckte er das Kohlendioxid, das er als „fixe Luft" beschrieb. Er war auch ein Mitglied der damaligen schottischen Literaten und traf sich regelmäßig mit Adam Smith und David Hume und war mit James Watt eng verbunden.

Boyle, Robert

Geboren	25. Januar 1627
Geburtsort	County Waterford, Irland
Verstorben	31. Dezember 1691
Bedeutung	Boylesches (auch: Boyle-Mariottsches) Gesetz

Obwohl es viele Anwärter auf den Titel „Vater der Chemie" gibt, war Robert Boyles Buch *The Sceptical Chymist* im Jahre 1661 ein früher Versuch, dem Studium der Elemente eine wissenschaftli-

che Grundlage zu verleihen, weil es die Vorgaben der Alchemisten infragestellte. Boyle war nicht nur Wissenschaftler, sondern auch ein Mann Gottes und investierte sein Vermögen in die East India Company, um das Christentum zu verbreiten. In seinem Testament verfügte er eine Stiftung zur Finanzierung von Vorträgen über die Vereinbarkeit von Wissenschaft und Glauben vor – die *Boyle Lectures*.

Cannizzaro, Stanislao

Geboren	13. Juli 1826
Geburtsort	Palermo, Sizilien
Verstorben	10. Mai 1910
Bedeutung	Theorie über Atom- und Molekulargewichte

Nach einer herausragenden frühen Karriere als Soldat und sizilianischer Politiker schaffte es dieser italienische Chemiker noch bevor er 30 Jahre alt wurde, dass man eine chemische Reaktion nach ihm benann-te. In der Cannizzaro-Reaktion reagiert ein Aldehyd zu Carbonsäure und Alkohol – ein großer Schritt in der Verarbeitung von organischen Verbindungen wie denen in

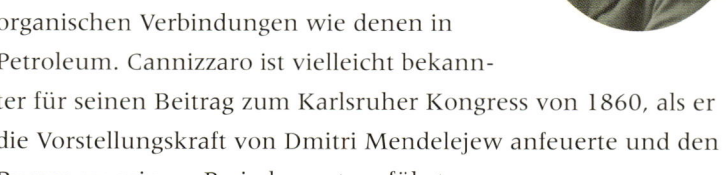

Petroleum. Cannizzaro ist vielleicht bekannter für seinen Beitrag zum Karlsruher Kongress von 1860, als er die Vorstellungskraft von Dmitri Mendelejew anfeuerte und den Russen zu seinem Periodensystem führte.

Bunsen, Robert

Geboren	30. März 1811
Geburtsort	Göttingen
Verstorben	16. August 1899
Bedeutung	Erfindung des Bunsenbrenners; Spektralanalyse

Robert Bunsen hatte eine glänzende wissenschaftliche Karriere. Er ist vor allem für seinen Gasbrenner bekannt, der nun seinen Namen trägt, und für die Spektralanalyse, die 1860 die Entdeckung neuer Elemente er-möglichte. Da war Bunsen jedoch bereits eine anerkannte Persönlichkeit in der Welt der Chemie und hatte sich mit der Entdeckung von Kakodyl, einer explosiven organischen

Verbindung, die Arsen enthält, einen Namen gemacht. Das half bei der Entwicklung der Valenz-Theorie, doch Bunsen zahlte einen Preis für seinen Erfolg. Er erblindete durch eine Kakodylexplosion auf einem Auge und wurde beinahe von dem Arsen vergiftet.

Carothers, Wallace

Geboren	27. April 1896
Geburtsort	Burlington, Iowa, USA
Verstorben	29. April 1937
Bedeutung	Erfindung des Nylon

Auf Wunsch seines Vaters machte Wallace Carothers zunächst eine Ausbildung zum Buchhalter, widmete sich aber dann einer akademischen Karriere in der organischen Chemie. 1927 machte das Chemieunternehmen DuPont Carothers das Angebot, sein neues Forschungsversuchslabor zu leiten. Sein Team produzierte Neopren, Polyester und schließlich Nylon. Doch trotz dieser aufregenden Erfolge und einer Verdopplung seines Gehaltes litt Carothers unter Depressionen. Am 29. April 1937 nahm er sich mit Cyanid das Leben.

Cavendish, Henry

Geboren	10. Oktober 1731
Geburtsort	Nizza
Verstorben	24. Februar 1810
Bedeutung	Identifizierung des Wasserstoffgases

Henry Cavendish kam in einer aristokratischen Familie zur Welt, beide Großväter waren Herzöge. Aber auch die Wissenschaft war in der Familie vertreten. Sein Vater war selbst Mitglied der Royal Society of London, und ein Cousin stiftete der Cambridge University später das Cavendish Labor, noch heute ein führendes Forschungszentrum. Cavendish war sehr schüchtern und zurückgezogen. Er ließ sich eine private Hintertreppe in seinem Haus einbauen, um eine einsame Existenz führen zu können und kommunizierte mit den Angestellten über Notizen. Er nahm regelmäßig an den Dinner-Veranstaltungen der Royal Society teil, sprach jedoch nur selten – viele seiner Entdeckungen wurden erst nach seinem Tod bekannt.

Curie, Marie und Pierre

Geboren	7. Nov. 1867(Marie). 15. Mai 1859(Pierre)
Geburtsort	Warschau, Polen (Marie). Paris (Pierre)
Verstorben	4. Juli 1934(Marie). 19. April 1906(Pierre)
Bedeutung	Pioniere im Bereich Radioaktivität

Marie Curie wurde als Polin geboren. Vor deutscher und russischer Unterdrückung in ihrem Heimatland, wo es sogar verboten war, Polnisch zu sprechen, floh sie nach Frankreich. Marie arbeitete, um die Ausbildung ihrer Schwester in Paris zu finanzieren, studierte dann selbst und machte zwei Abschlüsse an der Sorbonne. Einige Jahre später traf sie Pierre. Er hatte bereits eine Entdeckung gemacht: Magneten verloren über einer bestimmten Temperatur ihre Kraft. Zusammen erforschten sie die Radioaktivität. Marie litt unter schweren Strahlungsverbrennungen und starb an Leukämie, verursacht durch Radioaktivität.

Celsius, Anders

Geboren	27. November 1701
Geburtsort	Uppsala, Schweden
Verstorben	25. April 1744
Bedeutung	Thermometer mit 100-Grad-Skala

Der schwedische Astronom ist vor allem für die Temperatureinteilung bekannt, die seinen Namen trägt. Er nahm aber auch an der französischen geodätischen Expedition nach Lappland 1736 teil, bei der die Form der Erde durch astronomische Beobachtungen vermessen wurde. Während seiner Reisen stellte Celsius fest, dass Schmelz- und Siedepunkt von Wasser rund um die Welt konstant waren, und nutzte diese Erkenntnis, um seine Temperaturskala festzulegen. Celsius hatte ursprünglich den Siedepunkt des Wassers bei 0°C angesetzt und den Gefrierpunkt bei 100°C. Der Biologe Carl von Linné kehrte diese Werte nach dem Tode von Celsius um.

Dalton, John

Geboren	6. September 1766
Geburtsort	Eaglesfield, Cumberland, England
Verstorben	27. Juli 1844
Bedeutung	Moderne Atomtheorie; Dalton-Gesetz

John Dalton war Quäker. Obwohl er selbst seit seinem 15 Lebensjahr unterrichtete, durfte er wegen seiner Religionszugehörigkeit nicht an britischen Universitäten studieren. Dalton hat sich vieles im Selbststudium erarbeitet Er war farbenblind und fertigte 1794 eine erste formelle Beschreibung des Zustands an. 1793 veröffentlichte er das Werk *Metereological Observations*. Daraufhin wurde er an das New College nach Manchester berufen, wo er lehrte. Er lebte sehr genügsam, auch nachdem er 1822 in die Londoner Royal Society gewählt wurde. Die Einheit der Atommasse (Da, oder u) ist nach ihm benannt. Ein Dalton ist ein Zwölftel der Masse eines ^{12}C-Atoms.

Davy, Humphry

Geboren	17. Dezember 1778
Geburtsort	Penzance, Cornwall, England
Verstorben	29. Mai 1829
Bedeutung	Pionier der Elektrolyse

Davy war der Sohn eines Holzschnitzers aus Cornwall und verdankte seine Ausbildung einem Arzt und Apotheker aus Penzance. Als Autodidakt eignete er sich auf dem Gebiet der Chemie ein umfassendes Wissen an und bekamm eine Anstellung am „Pneumatischen Institut" in Bristol, wo er das Lachgas entdeckte. Er war Mitglied (1820–1827 auch Präsident) der Royal Society und nahm u. a. an einer Vorführung von Luigi Galvanis Neffen teil, bei der die Auswirkung von Elektrizität an kurz zuvor Hingerichteten demonstriert wurde. Davy soll seiner Freundin Mary Shelley davon erzählt haben, die hieraus ihre Inspiration für den 1818 veröffentlichten Roman *Frankenstein* zog.

Demokrit

Geboren	um 460 v. Chr.
Geburtsort	Abdera, Thrakien, Griechenland
Verstorben	um 370 v. Chr.
Bedeutung	erste Atomtheorie des Universums

Demokrit kann neben Thales und Aristoteles zu den „Gründervätern der Wissenschaft" gezählt werden. Er wurde in einer griechischen Kolonie der heutigen westlichen Türkei geboren und soll weiter gereist sein als die meisten seiner Zeitgenossen. Seine Arbeit wurde vom Unterricht bei ägyptischen Mathematikern, Magiern in Persien und Astronomen in Babylon inspiriert. Er lebte dennoch ein bescheidenes Leben und warb nicht um Ruhm. Schon seine Zeitgenossen nannten ihn den „lachenden Philosophen", da seine Lehre darauf abzielte, dass die Seele eine heitere, gelassene Stimmung erlange. Er scheint tatsächlich Humor gehabt zu haben und machte sich oft einen Spaß aus der Kritik anderer Philosophen.

Faraday, Michael

Geboren	22. September 1791
Geburtsort	Newington bei London
Verstorben	25. August 1867
Bedeutung	Entdeckung der elektromagnetischen Induktion

Michael Faraday wurde in einem Vorort von London geboren und ging bei einem Buchbinder in die Lehre. Ein Besuch der Royal Institution of Great Britain, wo er Vorlesungen von Humphry Davy und anderen hörte, lenkte seine Ambitionen in Richtung der Chemie. Seine Aufzeichnungen beeindruckten Davy so sehr, dass er Faraday 1813 zu seinem Assistenten machte. 1825 entdeckte Faraday die später Benzol genannte Verbindung, 1832 stellte er die Grundgesetze der Elektrolyse (faradaysche Gesetze) auf und 1845 entdeckt er den Faraday-Effekt. In späteren Jahren wurde er vom britischen Volk sehr geschätzt, forschte aber nur noch wenig.

Fermi, Enrico

Geboren	29. September 1901
Geburtsort	Rom
Verstorben	28. November 1954
Bedeutung	Bau des ersten Kernreaktors (Chicago Pile 1)

Fermis wissenschaftliches Talent bedingte, dass er bereits im Alter von 17 Jahren an der Universtät Pisa Physik studierte und mit 24 Jahren Italiens erster Professor für Atomphysik wurde. Innerhalb einer Dekade öffnete er die Tür zu unbegrenzter Nuklearkraft. Er erhielt 1938 in Schweden den Nobelpreis für Physik, kehrte aber danach nicht nach Italien zurück. Als Jude musste er das vom Faschismus beherrschte Europa verlassen und setzte seine Arbeit an der Kernspaltung in den USA fort. Wie mehrere seiner Kollegen starb auch Fermi an Krebs. In den Anfangszeiten der Atomphysik war man sich der von der Radioaktivität ausgehenden Gefahr noch nicht bewusst.

Gay-Lussac, Joseph-Louis

Geboren	6. Dezember 1778
Geburtsort	Saint-Léonard-de-Noblat, Frankreich
Verstorben	9. Mai 1850
Bedeutung	Gay-Lussac-Gesetz

Nach dem Grundstudium an der Ecole Polytechnique in Paris besuchte er die Ecole des Ponts et Chaussees und arbeitete als Assistent von Claude-Louis Bethollet im berühmten Labor von Arcueil. 1802 wurde er Repetitor und 1808 Professor für praktische Chemie an der Ecole Polytechnique, wo er das nach ihm benannte Gesetz über die gleichmäßige Wärmeausdehnung von Gasen entwickelte. 1804 stieg er in einem Heißluftballon bis auf 7000 Meter Höhe, um Luftproben in unterschiedlicher Höhe zu nehmen. Er arbeitete oft mit Alexander von Humboldt zusammen, bekannt für seine Beiträge zur Geografie und Biologie. Gay-Lussac formte auch die Begriffe Pipette und Bürette.

Hooke, Robert

Geboren	18. Juli 1635
Geburtsort	Isle of Wight, England
Verstorben	3. März 1703
Bedeutung	Hookesches Gesetz der Elastizität

Robert Hooke ist ein oft wenig beachteter Wissenschaftler. Er war einer von Robert Boyles Assistenten und führte wichtige Arbeiten an den Luftpumpen durch, die ausschlaggebend für die Forschung Boyles waren. Hook spielte auch eine Schlüsselrolle bei der Gründung der Royal Society of London in den 1660er-Jahren. Er ist vor allem für das Hookesche Gesetz über die Elastizität bekannt, das zur Erklärung der Vibration der Atome verwendet wird. Hooke war auch einer der ersten Wissenschaftler, die ein Mikroskop auf biologische Proben richteten: Er benannte die im Gewebe der Pflanzen eingeschlossene Dinge „Zellen", nach den Kammern von Mönchen.

Haber, Fritz

Geboren	9. Dezember 1868
Geburtsort	Breslau, Preußen
Verstorben	29. Januar 1934
Bedeutung	Stickstofffixierung für Düngemittel, Chemiewaffen

Fritz Haber wurde als Jude im heutigen Wroclaw, Polen geboren. Später konvertierte er und wurde Lutheraner. Sein persönliches Leben war überschattet von seiner ehrgeizigen Arbeit in der Chemie: der Stickstofffixierung und der Entwicklung chemischer Waffen. 1915 entwickelte und überwachte er bei der Flandernschlacht den Einsatz von Chlorgas. Seine erste Frau, die Chemikerin Clara Immerwahr, die ihre Karriere für ihn aufgegeben hatte, erschoss sich einen Monat darauf. Für das zusammen mit Carl Bosch entwickelte Haber-Bosch-Verfahren zur synthetischen Herstellung von Ammoniak erhielt Haber 1918 den Nobelpreis.

Hypatia von Alexandria

Geboren	um 355 N. CHR.
Geburtsort	Alexandria, Ägypten
Verstorben	März 415 N. CHR.
Bedeutung	Erfindung des Hydrometers

Hypatia wurde zu einer Zeit bekannt, als Frauen selten einen Fuß in ein Klassenzimmer setzten, geschweige denn einen Eintrag ins Geschichtsbuch schafften. Ihr Vater war der letzte Leiter der großen Bibliothek von Alexandria und deshalb bekam sie von Anfang an die bestmögliche Ausbildung. Sie soll das Hydrometer erfunden haben, ein Gewicht aus Glas und Quecksilber, das in Flüssigkeiten schwamm. Die Höhe, auf der es schwamm, gab die Dichte der Flüssigkeit an. Hypatia gehörte zu den letzten klassischen Scholastikern und wurde von Christen ermordet, die gegen ihre Lehre der heretischen Philosophie Platons waren.

Klaproth, Martin Heinrich

Geboren	1. Dezember 1743
Geburtsort	Wernigerode, Brandenburg
Verstorben	1. Januar 1817
Bedeutung	Entdeckung von Uran und anderen Elementen

Der deutsche Chemiker war ein produktiver Entdecker neuer Elemente. Während andere die Luft untersuchten, konzentrierte er sich auf die Analyse von Mineralen und entdeckte Uran, sowie Zirconium und Cer (mit anderen). Er erbrachte auch den Nachweis für Titan, Tellur, Strontium, und Chrom. Klaproth verbrachte die erste Hälfte seiner Karriere als Apotheker in verschiedenen deutschen Städten; die Chemie war lediglich ein Hobby. 1780 erwarb er in Berlin eine Apotheke, arbeitete danach als Chemiker an der Akademie der Wissenschaften, wurde Professor der Chemie an der Artillerieschule und später an der neu gegründeten Berliner Universität.

Krebs, Hans Adolf

Geboren	25. August 1900
Geburtsort	Hildesheim
Verstorben	22. November 1981
Bedeutung	Entdeckung des Citratzyklus

Hans Adolf Krebs war ein britischer Mediziner und Biochemiker deutscher Herkunft. 1932 gelang es ihm, mit dem Nachweis über den Harnstoffzyklus zu zeigen, wie Säugetiere Abfallproteine mit dem Urin ausscheiden. Ein Jahr später wurde er als Jude von den Nationalsozialisten mit einem Berufsverbot belegt. Er floh nach England und nahm eine Forschungsstelle an der Universität von Cambridge an, wo er 1937 den Citratzyklus entdeckte. Später zog er nach Sheffield und wurde dort 1945 Professor für Biochemie. Krebs erhielt 1953 den Nobelpreis für Medizin und wurde 1958 von der britischen Krone zum Ritter geschlagen.

Laplace, Pierre-Simon

Geboren	23. März 1749
Geburtsort	Beaumont-en-Auge, Normandie
Verstorben	5. März 1827
Bedeutung	Wahrscheinlichkeitstheorien; Kalorimeter

Pierre-Simon Laplace half seinem Kollegen Antoine Lavoisier bei seinen Forschungen zur Natur der Wärme, war aber auch ein produktiver Mathematiker und Astronom. Er ist uns vor allem aufgrund seiner Wahrscheinlichkeitstheorie in Erinnerung. Während Lavoisier mit den Führern der französischen Revoluti-  on in Konflikt geriet, schlug Laplace einen anderen Kurs ein und wurde Napoleon Bonapartes wissenschaftlicher Berater. Laplace war ein standhafter Verfechter der Vernunft. Als Napoleon ihn fragte, warum Gott in seinen Werken nicht vorkomme, antwortete Laplace: „Ich hatte keine Verwendung für diese Hypothese."

Lavoisier, Antoine

Geboren	26. August 1743
Geburtsort	Paris
Verstorben	8. Mai 1794
Bedeutung	Entdeckung der Zusammensetzung von Wasser

Antoine Lavoisier war eine bedeutende Persönlichkeit in der Chemie; er nannte Sauerstoff und Wasserstoff Gase und zeigte, wie sie sich zu Wasser verbanden, das man bis dahin für ein Element gehalten hatte. Lavoisier lebte zu Zeiten der Französischen Revolution. Er bezog ein beträchtliches Einkommen als Steuereintreiber des verhassten Königs Ludwig XVI. Nach der Französischen Revolution 1789, beteiligte sich der Liberale Lavoisier an Reformen; er förderte die einheitliche Einführung von Maßen (metrisches System) und Gewichten. Als ehemaliger Steuerpächter wurde er allerdings als Erpresser angeklagt und am 8. Mai 1794 auf der Guillotine hingerichtet.

Lawrence, Ernest O.

Geboren	8. August 1901
Geburtsort	Canton, South Dakota, USA
Verstorben	27. August 1958
Bedeutung	Erfindung des Teilchenbeschleunigers

Ernest Lawrence erfand den Zyklotron, den ersten Teilchenbeschleuniger, in dem Atome unter enormer Geschwindigkeit zusammengedrückt wurden. Seine Arbeit war für die Erlangung erster Technetiumproben äußerst wichtig und mit ähnlichen Experimenten ergaben sich viele weitere künstliche Elemente. Lawrence erhielt 1939 den Nobelpreis für Physik; sein Fachwissen wurde im Manhattan-Projekt verwendet, um Methoden zur Trennung der Kernspaltisotope vom natürlichen Uran zu entwickeln. Dadurch erhielt man eine Probe für die Verwendung in Atomwaffen. Das Element 103 wurde 1963 nach ihm Lawrencium benannt.

Maria Prophetissa

Geboren	1.–3. Jahrhundert N. CHR.
Geburtsort	Alexandria, Ägypten
Verstorben	1.–3. Jahrhundert N. CHR.
Bedeutung	Erfindung der Bain-Marie

Auch Maria die Jüdin und in arabischen Quellen Platons Tochter genannt, bleibt Maria eine geheimnisumwobene Persönlichkeit: Es ist nicht sicher, ob sie Jüdin war oder koptische Christin und wann sie genau lebte. Sie hinterließ eine noch heute verwendete Vorrichtung: das Wasserbad, oder Bain-Marie, in dem Substanzen schonend erwärmt werden. Sie erfand auch den „Schnellkochtopf" *Kerotakis* und den Destillationsapparat *Tribikos*: die an der Rückflussapparatur entstehenden Sulfide tragen auch heute noch die Bezeichnung *das Schwarz der Maria*.

Leukipp

Geboren	Beginn 5. Jahrhundert v. CHR.
Geburtsort	Milet, Kleinasien
Verstorben	5. Jahrhundert v. CHR.
Bedeutung	Entwicklung der Atomismustheorie

Für die weitere Entwicklung und Erklärung des Atomkonzepts ist Demokrit bekannt, doch es ist sehr wahrscheinlich, dass sein Lehrer Leukipp die Idee hatte. Wir wissen nur wenig über diesen griechischen Philosophen. Er soll aus Milet stammen, einer Stadt mit traditionell stark wissenschaftlich gesinnter

Philosophie. Aristoteles schrieb Leukipp die Theorie über den Atomismus zu, die Demokrit etwa 430 v. Chr. übernahm. Leukipp war der Auffassung, dass das Universum aus zwei Elementen bestehe, dem Vollen und dem Leeren – dem Feststoff und dem Vakuum. Die Wechselwirkungen der beiden schufen die Naturphänomene.

Mendelejew, Dmitri

Geboren	27. Januar 1834
Geburtsort	Tobolsk, Siberien
Verstorben	20. Januar 1907
Bedeutung	Erfinder des Periodensystems der Elemente

Dmitri Mendelejew kam in einem Dorf in Sibirien zur Welt. Um 1850 zog die Familie nach Sankt Petersburg. Dort hatte Dmitri Zugang zu besserer Bildung. Er gewann einen Platz als Student von Robert Bunsen in Heidelberg. Ab 1865 arbeitete er an der Universität von Sankt Petersburg. Er entwickelte eine Systematik der chemischen Elemente, die er *periodische Gesetzmäßigkeit* nannte. Sie ermöglichte eine tabellarische Anordnung, das heutige Periodensystem, sowie die Vorhersage von drei neuen Elementen. Zu seinen Ehren bekam das Element 101 den Namen Mendelevium.

Nobel, Alfred

Geboren	21. Oktober 1833
Geburtsort	Stockholm
Verstorben	10. Dezember 1896
Bedeutung	Erfindung des Dynamits, Nobelpreis

Alfred Nobels Name ist durch die von ihm testamentarisch hinterlassene Nobelpreisstiftung ein Synonym für die größten Errungenschaften der Wissenschaft, Medizin, Wirtschaft und Politik. Er wollte noch ein anderes Erbe hinterlassen als die Erfindung von Dynamit und Sprenggelatine. Diese Erfindungen waren neben dem Erwerb des Stahl- und Waffenunternehmens Bofors die Quelle seines großen Reichtums. Nobel war ausgebildeter Chemiker. Sein Dynamit war so erfolgreich, weil er einen Weg gefunden hatte, die Sprengstoffkomponente mit feinkörniger Erde zu stabilisieren.

Pasteur, Louis

Geboren	27. Dezember 1822
Geburtsort	Dole, Burgund
Verstorben	28. September 1895
Bedeutung	Pasteurisierung; Entdeckung der Chiralität

Trotz großer Entdeckungen im Bereich der molekularen Isomerie gilt Louis Pasteur eher als der Begründer der Mikrobiologie. Er ist vor allem für die Entwicklung der Pasteurisierungsmethode bekannt, bei der Keime in flüssigen Nahrungsmitteln wie Milch durch kurzzeitige Erhitzung abgetötet werden. Er entdeckte, dass „Keime" – Bakterien und andere Mikroorganismen – Auslöser von Krankheit waren, und führte Versuche mit

Schwanenhalsflaschen und den Keimen, die sie enthalten durch. Pasteur war Professor für Chemie an der Universität Lille und entdeckte auch die Chiralität, die räumliche Anordnung der Atome.

Ørsted, Hans Christian

Geboren	14. August 1777
Geburtsort	Rudkøbing, Dänemark
Verstorben	9. März 1851
Bedeutung	Entdeckung des Elektromagnetismus

Hans Christian Ørsted war an der Universität ein so guter Student, dass er 1801 ein Reisestipendium bekam. Es gab ihm die Möglichkeit, drei Jahre lang durch Europa zu reisen und von den größten Wissenschaftlern seiner Zeit zu lernen. Nach dieser Reise konzen-

trierte sich Ørsted auf das Studium von Physik und Chemie. Sein Durchbruch bei der Verbindung von Elektrizität und Magnetfeldern 1820 hatte weitreichende Auswirkungen in beiden Wissenschaften und begründete das Fach Elektrotechnik. Die inzwischen veraltete Einheit der magnetischen Feldstärke Oersted (Oe) wurde nach ihm benannt.

Pauling, Linus

Geboren	28. Februar 1901
Geburtsort	Portland, Oregon, USA
Verstorben	19. August 1994
Bedeutung	Theorie der kovalenten Bindung

Linus Pauling war ein exzellenter Schüler und konnte bereits mit 16 Jahren auf die Oregon State University gehen (damals Oregon Agricultural College). 1926 reiste er nach Europa, um u. a. mit Niels Bohr auf dem Gebiet der Quantenmechanik zu forschen. 1954 erhielt er einen Nobelpreis für Chemie für seine Forschungen über die Natur der chemischen Bindung und 1962 den Friedensnobelpreis für seinen Einsatz gegen Atomtests. Pauling lehnte im Zweiten Weltkrieg die Teilnahme am Manhattan-Projekt ab. Kurz nach dem Ende des Krieges setzte er sich mit Albert Einstein gegen Nuklearwaffen ein.

Platon

Geboren	428/427 v. Chr.
Geburtsort	Athen
Verstorben	348/347 v. Chr.
Bedeutung	Philosophie; Theorie der „Ideen" oder „Formen"

Platon wurde von Sokrates unterrichtet, dessen Denken und Methode er in vielen seiner Werke schilderte. Platon gründete später die Akademie, eine Philosophieschule in Athen, die das westliche Gedankengut prägte. Die Vielseitigkeit seiner Begabungen und die Originalität seiner wegweisenden Leistungen als Denker und Schriftsteller machten Platon zu einer der einflussreichsten Persönlichkeiten der Geistesgeschichte. In der Metaphysik und Erkenntnistheorie, in der Ethik, Anthropologie, Staatstheorie, Kosmologie, Kunsttheorie und Sprachphilosophie setzte er Maßstäbe.

Seaborg, Glenn Theodore

Geboren	19. April 1912
Geburtsort	Ishpeming, Michigan, USA
Verstorben	25. Februar 1999
Bedeutung	Entdeckung transuranischer Elemente

Der Chemiker und Atomphysiker Glenn Seaborg nimmt eine einmalige Position unter den Wissenschaftlern ein. Er war an der Entdeckung von zehn künstlichen Elementen beteiligt und ihm zu Ehren wurde das Element mit der Ordnungszahl 106 Seaborgium getauft – das war 1997 das erste und einzige Mal, dass ein Element noch zu Lebzeiten nach seinem Entdecker benannt wurde. Seaborg war in den 1940er-Jahren ein wichtiger Forscher für das Manhattan-Projekt, bei dem Atomwaffen hergestellt wurden, war aber auch Verhandlungspartner bei den Atomwaffensperrverträgen des Kalten Krieges.

Rutherford, Ernest

Geboren	30. August 1871
Geburtsort	Spring Grove, Neuseeland
Verstorben	19. Oktober 1937
Bedeutung	Entdeckung des Atomkerns

Rutherfords Name zieht sich durch die ganze anfängliche Geschichte der Atomphysik. Unter ihm haben Chadwick, Geiger, Bohr, Hahn und Soddy alle irgendwann gearbeitet und wurden oft von seinen Theorien zu ihren eigenen Entdeckungen geleitet. Er teilte 1903 die Radioaktivität in Alphastrahlung, Betastrahlung sowie Gammastrahlung auf und führte den Begriff der Halbwertzeit ein. Diese Arbeit wurde 1908 mit dem Nobelpreis für Chemie ausgezeichnet. 1997 wurde das Element 104 ihm zu Ehren Rutherfordium (Rf) benannt.

Thomson, J.J.

Geboren	18. Dezember 1856
Geburtsort	Manchester
Verstorben	30. August 1940
Bedeutung	Entdeckung der Elektronen

Der Gründungsvater der Teilchenphysik, Joseph John Thomson, wies 1897 nach, dass Atome keine unteilbaren Feststoffe waren, sondern aus noch kleineren Teilchen bestanden – den Elektronen. Rutherford gehörte zu seinen Schülern. Thomson war ein exzellenter Schüler und seine Eltern hatten vor, ihn zum Dampfmaschinenmechaniker ausbilden zu lassen. Er wurde aber am Trinity College in Cambridge zugelassen, um mit nur 17 Jahren Mathematik und Physik zu lehren. Er ging nie dort weg und wurde 1884 Professor für Physik. 1906 wurde ihm für seine Forschungen über die elektrische Leitfähigkeit von Gasen der Nobelpreis für Physik verliehen.

BIBLIOGRAFIE

Bücher

Atkins, Peter: *Galileos Finger. Die zehn großen Ideen der Naturwissenschaft,* Stuttgart 2006.

Cobb, Cathy und Harold Goldwhite: *Creations of Fire: Chemistry's Lively History from Alchemy to the Atomic Age,* New York 1995.

Emsley, John: *Die Elemente,* Berlin/New York 1994.

Gray, Theodore: *Die Elemente. Bausteine unserer Welt,* Köln 2013.

Kean, Sam: *Die Ordnung der Dinge. Im Reich der Elemente,* Hamburg 2011.

MacArdle, Meredith (Hg.): *Scientists: Extraordinary People who Changed the World,* London 2008.

Scerri, Eric R.: *The Periodic Table: A Very Short Introduction,* Oxford 2011.

Stwertka, Albert: *A guide to the elements,* New York 2012.

Suplee, Curt: *Milestones of Science,* Washington 2000.

Chemische Gesellschaften

American Chemistry Society www.acs.org

Chemical Institute of Canada www.cheminst.ca

Chemical Society of Japan www.csj.jp; www.chemistry.or.jp/en/

Chinese Chemical Society www.ccs.ac.cn

European Association for Chemical and Molecular Sciences www.euchems.org

Gesellschaft Deutscher Chemiker www.gdch.de

Gesellscht Österreichischer Chmiker www.goech.at

Indian Chemical Society www.indianchemsoc.org

Mendeleev Russian Chemical Society, Russland www.chemsoc.ru

Royal Australian Chemical Institute www.raci.org.au

Royal Society of Chemistry www.rsc.org

Societá Chimica Italiana www.soc.chim.it

Société Chimique de France www.societechimiquedefrance.fr

Svenska Kemistsamfundet, Schweden www.chemsoc.se

Schweizerische Chemische Gesellschaft www.scg.ch

Wissenschaftsmuseen

Calalyst, Cheshire, England www.catalyst.org.uk

Chemical Heritage Foundation, Philadelphia www.chemheritage.org

China Science and Technology Museum, Beijing www.cstm.org.cn

Cité des Sciences et de l'Industrie, Paris www.cite-sciences.fr

Kopernikus Wissenschaftszentrum, Warschau www.kopernik.org.pl

Deutsches Museum, München www.deutsches-museum.de

Exploratorium, San Francisco www.exploratorium.edu

Museo della Scienza e dalla Tecnologia Leonardo da Vinci, Mailand www.museoscienza.org

Museo Galileo, Florenz www.imss.fi.it

Museum of Science, Boston www.mos.org

Museum of Science and Industry, Chicago www.msichicago.org

National Museum of Nature and Science, Tokio www.kahaku.go.jp/english/

Norsk Teknisk Museum, Oslo www.tekniskmuseum.no

Stockholms Observatorium, Stockholm www.observatoriet.kva.se

Ontario Science Centre, Toronto www.ontariosciencecentre.ca

Powerhouse Museum, Sydney www.powerhousemuseum.com

Saint Louis Science Center, St. Louis www.slsc.org

Universum® Bremen www.universum-bremen.de

Wissenschaftszentrum NEMO, Amsterdam www.e-nemo.nl

Science Museum, London www.sciencemuseum.org.uk

Shanghai Science and Technology Museum, Shanghai, www.sstm.org.cn

Smithsonian Institution, Washington D.C. www.si.edu

Archive und Wirkungsstätten

Berzelius Ausstellung, Stockholms Observatorium, Stockholm www.observatoriet.kva.se

Boyle Archiv/Hooke Schriften/Davy Schriften, Royal Society, London www.royalsociety.org

Bunsen Archiv, Royal Society of Chemistry, London, www.rsc.org

Carothers und du Pont Schriften, Hagley Museum and Library, Wilmington, Delaware www.hagley.org

Gay-Lussac Schriften, École Polytechnique, Paris www.polytechnique.edu

Humphry Schriften/Faraday Notizbücher, Royal Institution of Great Britain, London www.rigb.org

Krebs Schriften, University of Sheffield Library, Sheffield www.shef.ac.uk/library

Lavoisier Labor, Museé des Arts et Métiers, Paris www.arts-et-metiers.net

Liebig Museum, Gießen www.liebig-museum.de

Maria Skłodowska-Curie Museum, Warschau www.muzeum-msc.pl

Mendelejew Museum und Archiv, Sankt Petersburg www.russianmuseums.info/M124

Nobel Archiv, Nationalarchiv, Stockholm www.riksarkivet.se

Musée Pasteur im Institut Pasteur, Paris www.pasteur.fr

Musée Pasteur in Dole www.musee-pasteur.com

Pauling Schriften, Oregon State University www.pauling.library.oregonstate.edu

Rutherford Museum, McGill University, Montreal www.physics.mcgill.ca/museum/ rutherford_museum.htm

Websites

Dynamisches Periodensystem: www.periodensystem.info

Khan Academy: www.khanacademy.org

Nobelpreisstiftung: www.nobelprize.org

REGISTER

Die englische Originalausgabe erschien unter dem Titel: *The Elements. An Illustrated History of the Periodic Table*, in der Reihe *Ponderables: 100 Breakthroughs that Changed History. Who Did What When* von Tom Jackson

© 2016 Librero IBP (für die deutschsprachige Ausgabe), Postbus 72, 5330 AB Kerkdriel, Niederlande

© Worth Press Ltd, Cambridge, England, 2012
© Shelter Harbor Press Ltd, New York, USA, 2012
Konzept und Projektmanagement:
Jeanette Limondjian
Layout: Bradbury and Williams
Wissenschaftliche Beratung:
Dr. Donald Franceschetti

Produktion der deutschen Ausgabe:
Buchmanagement & Redaktion
– Juliane Steinbrecher, Köln
Übersetzung: Aggi Becker, Köln

Printed in India

ISBN: 978-90-8998-673-3

$x:y=$

$N=23$
$F=19$
$Q=16$
$N=14$
$C=12$
$B=11$
$N=94$
$i=8$

$H=1.$